跳跃成长

DISC+ 不断突破自我

任不困 陈韵棋 黎燕琴 ◆ 主编

华中科技大学出版社
http://www.hustp.com
中国·武汉

图书在版编目(CIP)数据

跳跃成长:不断突破自我/程不困,陈韵棋,黎燕琴主编. —武汉:华中科技大学出版社,2022.8
ISBN 978-7-5680-8511-3

Ⅰ.①跳… Ⅱ.①程… ②陈… ③黎… Ⅲ.①人生哲学-通俗读物 Ⅳ.①B821-49

中国版本图书馆 CIP 数据核字(2022)第 117530 号

跳跃成长:不断突破自我　　　　　　　　　　　程不困　陈韵棋　黎燕琴　主编
Tiaoyue Chengzhang:Buduan Tupo Ziwo

策划编辑：沈　柳
责任编辑：沈　柳
装帧设计：琥珀视觉
责任校对：刘小雨
责任监印：朱　玢
出版发行：华中科技大学出版社(中国·武汉)　　　电话：(027)81321913
　　　　　武汉市东湖新技术开发区华工科技园　　　邮编：430223
录　　排：武汉蓝色匠心图文设计有限公司
印　　刷：湖北新华印务有限公司
开　　本：710mm×1000mm　1/16
印　　张：20.25
字　　数：302 千字
版　　次：2022 年 8 月第 1 版第 1 次印刷
定　　价：52.00 元

本书若有印装质量问题,请向出版社营销中心调换
全国免费服务热线：400-6679-118　　竭诚为您服务
版权所有　侵权必究

contents

DISC 理论 ·· 001

第一章　亲子升温 ·· 011

谱写你自己的人生乐章 ································· 黎燕琴 /015
转变视角，稻草变黄金 ································· 琳达梨子 /027
今天，你做孩子的成长教练了吗？ ············· 李娟 /036
人生藏在故事里 ··· 如是(魏书蓁) /045
职场父母平衡术 ··· 刘瑛 /055
像星辰守护大海——DISC在青春期心理咨询的运用 ··· 苏星宁 /065

第二章　超级影响 ·· 073

用演讲见证凡人的神性 ································· 猫书(张莹) /077
调用"五感"，设计一堂自己的好课 ········· 覃芬芬 /087
表达与沟通，职场跳跃必杀技 ····················· 高文全 /096
给大学毕业生的职场"打怪升级"指南 ····· 王家健 /104
一个演员的自我修养 ····································· 多米 /113

第三章　创富加速 ·· 121

构建企业100%增长的两大底层逻辑 ·········· 苏禾 /125
副业变现，你的兴趣价值百万 ····················· 莫诺维(Monowi) /138

让教育插上思维的翅膀 ················ 屈丽艳 /147
一个包租婆的自白 ··················· 黄金 /156
我的十年故事 ···················· 天使姐姐 /165
遇见 DISC，遇见更好的自己 ······ 蔡洪峰（阿蔡老师）/172

第四章 人生有味 ················· 180

没有娱乐精神的人，人生不值得 ············ 泊明 /184
我和我的"超能力" ··················· 高超 /194
疫情时代，四步走出理想生活 ············· 刘碧娜 /204
从国企职员到阅读疗愈师，用读书打造 π 型人生 ··· 刘红梅 /212
健康，是一辈子的福 ·················· 史暄凡 /221

第五章 跃迁成长 ················· 226

一名典型国企人的非典型故事 ············· 武春丽 /230
你可能只需要再勇敢一点 ············ 高媛（Anna）/240
飞往你心中的山——成为发光体，赋能彼此 ····· 陈硕琪 /248
学习、实践和确认下的定位故事 ············ 倪映琼 /258
如何通过社群加速成长 ················ 白新宇 /266

第六章 职场增值 ················· 271

知识经济呼唤管理教练 ················ 柳梅芳 /275
职场逆袭，寒门女孩你可以 ············· 任晓蕾 /286
用分析能力助你克服职场难题 ············· 亦如 /296
产品经理心理建设三境界 ············ 雨玫（解敏）/306
快速提升团队业绩，调频不如调人 ·········· 毕鸿波 /316

DISC 理论

本书的理论依据来自美国心理学家威廉·莫尔顿·马斯顿博士在 1928 年出版的 *The Emotion of Normal People*。他在书中提出：情绪是运动意识的一个复杂个体，它由分别代表运动神经本性和运动神经刺激的两种精神粒子传出冲动组成。这两种精神粒子的能量通过联合或对抗形成四个节点，这四个节点是通过以下两个维度来划分的。

一个是，环境于"我"是敌对的还是友好的。如果对方呈现敌对的状态，大多数情况下，"我"更关注任务层面，很少和他人交流个人感受；如果对方呈现友好的状态，"我"常常倾向于先建立良好的人际关系。简单来讲，就是关注事还是关注人。

另一个是，对方比"我"强，还是比"我"弱。如果"我"强，"我"就会用指令的方式，呈现主动出击的状态；如果"我"弱，"我"就会用征询的方式，呈现被动逃避的状态。简单来讲，就是直接（主动）还是间接（被动）。

维度一：关注事/关注人。

换句话来说，就是任务导向，还是人际导向。如果是任务导向，大多谈论的是事情本身，面部表情会比较严肃；如果是人际导向，大多就谈论人，面部表情会比较放松。也可以用温度计作比，关注事的人，温度会比较低一点；关注人的人，温度会比较高一点。

那么在企业里，是关注人好，还是关注事情好呢？如果只关注事情，团队里就不会有凝聚力，企业很难长时间存续；如果只关注人，团队就不会有业绩，企业就不能做大做强。所以，在一个团队里，如果我们不能做到既关注人,又关注事情,那最好是要有关注人的人,也要有关注事情的人,就是要做到"打配合,做组合"。

维度二:直接(主动)/间接(被动)。

换句话来说,主动就是直接,讲话单刀直入,表现出强大的气场、节奏很快、果断、有激情;被动就是间接,讲话委婉含蓄,表现得比较随和、小心谨慎、安静而保守。

究竟是直接好,还是间接好呢?答案是:从他人的角度出发。如果对方是直接的,就用直接的方式;如果对方是间接的,就用间接的方式。与人沟通的时候,用对方喜欢的方式对待他,往往容易得到想要的结果。

根据这两个维度就可以把人大致分为 D、I、S、C 四种特质。

关注事、直接:D 特质。

关注人、直接:I 特质。

关注人、间接:S 特质。

关注事、间接:C 特质。

D 特质——指挥者

D 是英文 Dominance 的首写字母,单词本义是支配。指挥者目标明确,反应迅速,并且有一种不达目的誓不罢休的斗志。

注重结果,目标导向	高瞻远瞩,目光远大	有全局观,抓大放小	不畏困难,迎接挑战
精力旺盛,永不疲倦	意志坚定,越挫越勇	工作第一,施压于人	强硬严厉,批评性强
脾气暴躁,缺乏耐心	控制欲强,操控他人	自我中心,忽略他人	不善体谅,毫无包容

处世策略:准备……开火……瞄准!

驱动力:实际的成果。

特点识别:

形象——常常穿着干练、代表权威的服饰,比如职业装;因为时间观念很强,喜欢戴大手表;很少佩戴首饰,不太关注头发等细节。

表情——很严肃,甚至严厉,笑容很少;目光犀利,眼神笃定,不怕直视对方。

动作——很有力量,能鼓舞人;说话快,做事快,走路也快。

说话——音量大、高亢,语气坚定、果断。

面对压力时:

对抗而不是逃避,会变得更加独断,更加强调控制权,比平时更关注问题;对于那些优柔寡断、行动缓慢的人,尤其没耐心。

希望别人:回答直接,拿出成果。

代表人物:董明珠。

董明珠是格力董事长、商界女强人,她的霸气众人皆知。曾有同行这样形容她:"她走过的路,寸草不生!"

I 特质——影响者

处世策略:准备……瞄准……开火!

I 是英文 Influence 的首写字母,单词本义是影响。影响者热爱交际、幽默风趣,可以称作"人来疯"和"自来熟"。

善于交际,喜欢交友	才思敏捷,善于表达	幽默生动,充满乐趣	别出心裁,有创造力
善于激励,有感染力	积极开朗,追求快乐	口无遮拦,缺少分寸	不切实际,耽于空想
情绪波动,忽上忽下	丢三落四,杂乱粗心	缺乏自控,讨厌束缚	畏惧压力,不能坚持

处世策略:准备……瞄准……开火!

驱动力:社会认同。

特点识别:

形象——喜欢色彩鲜艳的衣服,关注时尚;喜欢层层叠叠的穿衣方式、夸张的佩饰、独特的发型。他们会把自己打扮得光鲜亮丽,吸引他人的眼球。

表情——丰富生动、爱笑。

动作——很多肢体语言,动作很大,比较夸张;喜欢身体接触。

说话——音量大、语调抑扬顿挫、戏剧化。

面对压力时：

第一反应是对抗，比如口出恶言，他们试图用自己的情绪和感受来控制局势。有时候给人不舒服的感觉。

希望别人：优先考虑、给予声望。

代表人物：黄渤。

黄渤幽默风趣，很会调动气氛。在日常演讲和交际中常常面带微笑，非常容易感染别人；他的演技也得到广大观众的认可和喜爱，在娱乐圈，他也拥有好人缘。

S 特质——支持者

S 是英文 Steadiness 的首写字母，单词本义是稳健。他们喜好和平、迁就他人，凡事以他人为先。

善于聆听，极具耐心	天性友善，擅长合作	化解矛盾，避免冲突	关心他人，有同理心
镇定自若，处事不惊	先人后己，谦让他人	惯性思维，拒绝改变	迁就他人，压抑自己
自信匮乏，没有主见	行动迟缓，慢慢腾腾	害怕冲突，没有原则	羞于拒绝，很怕惹祸

处世策略：准备……准备……准备……

驱动力：内在品行。

特点识别：

形象——服饰以舒适为主，没有特点就是最大的特点，不想成为焦点。

表情——常常面带微笑，安静和善、含蓄，让人觉得容易亲近。

动作——动作不多，做事慢，习惯不慌不忙。

说话——音量小、温柔，语调比较轻，一般不太主动表达自己的情绪。

面对压力时：

犹豫不决。他们最在意的是安全感，害怕失去保障，不愿冒险，更喜欢按部就班地按照既定的程序做事情。

希望别人： 作出保证，且尽量不改变。

代表人物： 雷军。

小米的创始人雷军，笑容可掬，很有亲和力。有一次，他去一个新的办公地点，因为没有戴工牌，所以保安不让他进。雷军很有绅士风度地跟那个保安说："我姓雷。"谁知道保安不买账，对他说："我管你姓什么，没有工牌就是不能进。"雷军无奈，只好打电话给公司的行政主管，让主管下来接自己。

C 特质——思考者

C 是英文 Compliance 的首写字母,单词本义是服从。他们讲究条理、追求卓越,总是希望明天的自己能比今天的自己更好。

条分缕析,有条有理	关注细节,追求卓越	低调内敛,甘居幕后	坚忍执着,尽忠职守
善于分析,发现问题	完美主义,一丝不苟	喜好批评,挑剔他人	迟疑等待,错失机会
专注细节,因小失大	要求苛刻,压抑紧张	死板固执,不会变通	忧郁孤僻,情绪负面

处世策略:准备……瞄准……瞄准……

驱动力:把事做好。

特点识别:

形象——常常穿着整洁、简单的服饰,很少佩戴首饰,形象专业。

表情——很严肃,甚至严厉,笑容很少;目光犀利,眼神笃定,不怕直视对方。

动作——很有力量,能鼓舞人。

说话——语调平稳,音量不大。

面对压力时:

忧虑、钻牛角尖;做决定时,比较谨慎,喜欢三思而后行。

希望别人:提供完整详细的资料。

代表人物:乔布斯。

乔布斯对于审美有着近乎苛刻的追求,对设计的完美有着变态的挑剔。苹果产品如此受欢迎正是得益于乔布斯的 C 特质。据说,他曾要求一位设计师在设计新型笔记本电脑时,外表不能看到一颗螺丝。

经过 90 年的发展,马斯顿博士提出的 DISC 理论在内涵和外延上都发生了巨大的变化。利用 DISC 行为分析方法,可以了解个体的心理特征、行为风格、沟通方式、激励因素、优势与局限性、潜在能力等等。也可以将 DISC 行为分析方法广泛应用于现代企业对人才的选、用、育、留。

DISC+社群联合创始人、知名培训师和性格分析标杆人物李海峰老师,深度研究 DISC 近 20 年,并在 2018 年与肖琦和郭强翻译了《常人之情绪》。他提出,学习 DISC 有三个假设前提:

每个人身上都有 D、I、S、C,只是比例不一样而已。所以,每个人的行为和反应会有所不同。

有些人D特质比较明显,目标明确、反应迅速;有些人I特质比较明显,热爱交际、幽默风趣;有些人S特质比较明显,喜好和平、迁就他人;有些人C特质比较明显,讲究条理、追求卓越。每个人身上并不是只有一种特质。当我们遇到问题的时候,想一想:凡事必有四种解决方案。

D、I、S、C四种特质没有好坏对错之分,都是人的特点。用好了就是优点,用错了就是缺点。

有人觉得D特质的人太强势,但他们可以给世界带来希望;有人觉得I特质的人话太多,但他们可以给世界带来欢乐;有人觉得S特质的人太保守,但他们可以给世界带来和平;有人觉得C特质的人太挑剔,但他们可以给世界带来智慧。

懂得了这点,我们就有能力把任何缺点变成特点,可以向对方传递"我懂你"的态度,这样可以拉近彼此的距离。

D、I、S、C可以调整和改变。一个人的行为风格可以调整和改变吗?其实,我们每天都在改变。

当我们不注意的时候,惯用的行为模式就会悄悄显露。比如,在面对D特质的老板时,我们可能更多使用S特质来回应;在面对不愿意写作业的孩子时,我们可能使用D特质来应对。其实在与他人互动的时候,我们的行为已经在调整和改变。重要的不是D、I、S、C哪种特质,而是如何使用每一种特质。

过去我们是谁,不重要;重要的是,未来我们可以成为谁。只要有意识地调整,我们每一个人都可以成为自己想成为的样子。

学习 DISC 有三个阶段。

第一阶段:贴标签。通过对他人行为的观察,基本可以识别对方哪种特质比较突出。

第二阶段:撕名牌。每个人在不同的情境下,有可能呈现不同的特质。

第三阶段:变形记。需要的时候,我们可以随时调整自己,呈现当下所需要的特质。遇到事情的时候,也要记得提醒自己:凡事必有四种解决方案。

我们常说：职场如战场。其实这句话有问题。战场上，我们面对的都是敌人；职场上，我们需要学会与人合作。

成熟的职场人士关注两个维度：事情有没有做好，关系有没有变得更好。DISC 就是这样一个可以帮助我们有效提升办事效率、提升人际敏感度的工具，一个值得我们一辈子利用的工具。

第一章

亲子升温

> 父母是原件,孩子是复印件。
> 请永远相信,懂比爱更重要。
> ——DISC+社群

亲子升温

父母是原件,孩子是复印件;
请永远相信,懂比爱更重要。

《谱写你自己的人生乐章》
作者:黎燕琴

十年精进、十年破局,
谱写母乳喂养新乐章,
期待有你合奏。

《转换视角,稻草变黄金》
作者:琳达梨子

用焦点解决短程疗法点草成金,
做不焦虑的父母,创和谐有爱的家庭。

《今天,你做孩子的成长教练了吗?》
作者:李娟

爱是最好的药,父母是需要学习的一种职业。
用爱与陪伴支持孩子,做好孩子的成长教练。

《人生藏在故事里》
作者:如是(魏书萱)

成长:"不听话"的孩子更渴望被倾听。
成家:婚姻是两个人在互动中形成好的配合。
成熟:养育孩子也是重塑家庭。

《职场父母平衡术》
作者:刘瑛

一位奋斗在职场、长期出差的7岁孩子的母亲,
用亲身经历带你寻觅快乐工作,满足亲子陪伴。

《像星辰守护大海
——DISC在青春期心理咨询的应用》
作者:苏星宁

用DISC理论探索孩子问题的本质,激发潜能,
做好青春期心理健康建设,守护孩子的星辰大海。

黎燕琴

DISC国际双证班第74期毕业生
母婴领域创业者
高效沟通力专家
东莞市第十六届人大代表

扫码加好友

黎燕琴 BESTdisc 行为特征分析报告
CISD 型

DISC+社群合集

报告日期：2022年02月08日
测评用时：06分08秒 (建议用时：8分钟)

BESTdisc曲线

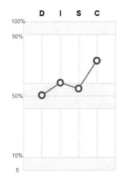

自然状态下的黎燕琴

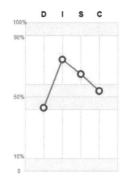

工作场景中的黎燕琴

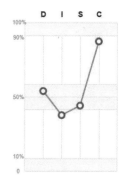

黎燕琴在压力下的行为变化

D-Dominance(掌控支配型)　　I-Influence(社交影响型)　　S-Steadiness(稳健支持型)　　C-Compliance(谨慎分析型)

　　在黎燕琴的分析报告中，自然状态下的黎燕琴C特质较高，表明她做事严谨认真、关注细节、追求品质。工作场景中的I特质较高，而C特质相对下降，表明工作时，她会发挥自己有影响力的特点，主动表达自己的想法，通过说服的方式影响他人，也善于激励他人。在压力下，C特质明显提升，表明她在压力下会更加关注细节和流程，会通过数据分析、制订计划的方式，解决问题或达成目标。

谱写你自己的人生乐章

十年前的你,在哪里?在干什么?计划拥有怎样的人生?

十年前的我,在公立医院妇产科,每天工作 10 小时以上,努力提高临床技术,希望未来可以像我的带教老师那样,驾轻就熟地处理每一次分娩,让所有母亲平安分娩、平安出院。而一次夜班的经历却让我重新思考:**我是谁?我从哪里来?我要去哪里?**

直到现在,我依然清晰地记得那个夏夜的所有细节。23 点,剖宫产术后第 5 天的小许,刚刚出院 1 天,就因为乳腺炎回来求助。她烧到 39 摄氏度,汗湿透了长袖睡衣,头发又湿又黏,贴着头皮,乳腺肿胀导致两个胳膊都放不下来,疼痛难忍得说不出话来,她在先生的搀扶下,缓缓走进住院部。据她回忆:当时只感觉头昏脑胀,胸前似乎压着千斤重的大石头,感觉衣服在胸前的摩擦都会产生剧痛,连轻风吹过都是错,巴不得一切静止。

那时候,母乳喂养的科普还不到位,也没有医学系统教学,护士姐姐们只能像电视上挤牛奶一样帮她,但挤得满头大汗,也没能挤出多少。小许咬着毛巾,痛得面目狰狞、大汗淋漓,她说:"如果胀奶的疼痛是十级疼痛,剖宫产刀口疼顶多算七级。"

实际上,在住院部值班的很多个晚上,我经常能看到像小许这样的妈妈。我一次又一次问自己,同样是女性,**我能做点什么,以避免这样的事情发生?**

直到我看到一段话,"女性需要一次思想上的变革,有理性、有逻辑、有能力,是很有必要的"。这段话让我对女性重新进行了思考。

过去,很多人认为女性的价值就是生孩子、喂孩子、养孩子、带孩子,在这个过程免不了牺牲很多利益:牺牲了美好年华,牺牲了经济收入,牺牲了娱乐休闲,牺牲了休息睡眠……很多人歌颂女性牺牲小我的伟大,但女性自己却为自己抱不平,认为在人人平等的时代,应该拥有不养、不育的选择权。实际上,用自己的母乳喂养自己的孩子是值得女性自豪的里程碑事件,养育孩子也是女性实现自我成长的重要过程。

钰雯老师是中国大陆第一位国际认证泌乳顾问,她从上海自驾至"世界屋脊"珠峰大本营,沿途开展母乳妈妈支持聚会,把国际认证泌乳顾问核心课程带回中国传播,影响了一批又一批一线医护工作者,推动了母乳喂养力量的发展和壮大。

钰雯老师是我的榜样,她的经历似乎是我要寻找的答案。

十年后的今天,回首我从"光杆司令"到和团队成员一起,每年帮助**成千上万个**"小许"实现母乳喂养的过程,我主要经历了以下十个节点事件。

提高自身的专业技能

你可能知道母乳是孩子的口粮,那你知道母乳还是孩子的第一剂疫苗吗?你知道持续母乳喂养两年就可以为孩子的免疫系统打下牢固的基础吗?你知道母乳的成分会随着孩子的生长发育而动态变化吗?

你可能知道母乳喂养可以降低乳腺癌的发生率,那你知道母乳喂养还可以降低糖尿病的发生率和减少职场妈妈的内疚感吗?你知道它可以甩掉妈妈身上多余的脂肪吗?

你可能知道母乳喂养可以促进亲子关系,那你知道母乳喂养可以降低产后抑郁的发生率吗？可以让孩子情绪更稳定、人际关系更和谐吗？

我这辈子永远难忘的是 2016 年那个夏天，来自全国各地的 40 名医护工作者通过层层考核，齐聚东莞市妇幼保健院。大家来自不同的战线，相同的是我们都是别人的孩子，都是别人的妈妈（甚至有一些已经成为外婆）。大家都有一个共同的愿望：在母乳喂养领域发光发热，帮助更多妈妈，指导她们进行母乳喂养和轻松育儿。为了可以正确科普母乳喂养，我们夜以继日、闭关学习了整整 10 天，几乎用完了一整年的假期。

学习结束后的半年，我们每天除了完成本职工作，剩下的时间不是在翻译外文专业书籍，就是在做练习题，终于这个全球通过率约 30% 的国际泌乳顾问认证被我们拿到了！这也成为我们有信心前进的动力。

你是谁不重要，那是你的过去；你要成为谁才重要，那是你的未来。此刻，你希望成为谁？

组织妈妈参加支持聚会

依靠门诊一对一咨询，每天能够接触到的妈妈有限，而我们想帮助的不止一个"小许"。成为国际母乳会志愿者，组织母乳妈妈参加支持聚会是一个重要的决定。

从 2015 年开始，只要周末休息，我们每个月会在东莞至少组织一期母乳妈妈支持聚会。我们跟不同的母乳家庭相聚，交流不同家庭背景下的育儿想法，留下一个又一个特殊的回忆。每一次相遇的家庭都不一样，每个家庭带走的故事也不一样，下次他们带来的新朋友也不一样，相同的是，妈妈们通过互相支持的方式，知道自己的经验对于其他家庭来说非常有参考价值,在聚会结束时,她们都相信自己有能力照顾好孩子。

渐渐地,参加聚会的妈妈越来越多,甚至还有爸爸、奶奶、外婆来参加,全家一起支持母乳喂养。被支持的妈妈们也开始成为志愿者,至此,每年有**数以百计**的"小许"得到支持,我们的聚会被誉为东莞最具影响力的妈妈支持聚会,我作为主持人,也在本地小有名声。

利他就是最好的利己,在今年,你计划做一件什么利他的事情呢?

庆祝妈妈的专属节日

你知道每一年的 5 月 20 日是什么节日吗?不是情侣表白日,而是我国的"母乳喂养宣传日"。在那一天,全国各地的带领者会带着当地的妈妈一起推广"亲密育儿"的理念,不仅影响了母乳喂养家庭,也影响了非母乳喂养家庭。我们在东莞举办这个活动已经五年了,有一些妈妈从五年前带着老大参加,五年后带着老二参加,我们见证着彼此的成长。

每年 8 月 1 日到 8 月 7 日,也是专属于母乳妈妈的节日——"国际母乳喂养周"。全球母乳妈妈会选在同一天的同一时间进行哺乳,通过全球母乳妈妈快闪一分钟,引起社会对母乳喂养群体的关注。

我们会在这一周,组织当地的女摄影师为母乳家庭公益拍摄哺乳照,很多妈妈在离乳以后,回看曾经的哺乳照,都会感慨万千,那是这辈子回不去又值得回味一生的美好时光。

官方媒体报道、最佳哺乳照评选获奖……我们通过一次次正面发声,让参与活动的妈妈看到自己的价值,也让更多家庭看到女性在哺乳期的自然之美。

人生最遗憾的不是做不到,而是本该我可以。在今年,你可以做到的一件事情是什么?

号召捐赠多余母乳

很多人听说过献血,却很少有人听说过捐奶,我国母乳库的缺奶情况比血库缺血的情况更严峻,很多在医院儿科重症监护室的小孩子都亟需母乳。

只要是身体健康的妈妈,在孩子出生后六个月内,都可以捐献母乳。我自己是一个泌乳量较大的妈妈,在老二出生后,我马上联系了深圳母乳库的负责人文娟护士长,在她的帮助和医院的大力支持下,我们开始组织捐奶。

乳汁捐赠的过程以安全为重,所以有些复杂。首先需要捐赠者提供从怀孕到分娩期间近1年的检查资料,随后母乳库会派专人专车前来,现场抽血,母乳库确认捐赠者目前的身体状态良好,才会完成母乳捐赠。

我曾经担心这些烦琐的操作会把很多妈妈挡在门外,没想到,那一天接收母乳的专车从西到东跨越了整个东莞,最后我们募集到了5万毫升母乳,可以让10个新生儿喝整整20天。参与捐奶的妈妈们感慨,从来不知道原来自己的乳汁除了可以喂养自己的孩子,还可以帮助其他的孩子,一种专属于母乳妈妈的自豪感油然而生。

距离第一次捐奶到现在已经过去了四年,直到今天,依然有母乳妈妈主动联系捐奶。我意识到,只要我们相信,我们可以做的事情一点都不少,我们可以创造的影响力一点也不弱。

赠人玫瑰,手留余香。在今年,你打算送出去的玫瑰是哪一朵?

提交议案,积极发声

影响更多家庭进行母乳喂养,不仅仅需要母乳妈妈和母乳家庭作出努力,更需要全社会的支持。从2016年成为东莞市第十六届人大代表开始,我开始深度调研本地母乳妈妈的喂养现状和困难,结合自己的专业知识,在两会上提出议案,希望可以为本地妈妈争取更多的支持力量,获得社会重视。其中关于母婴室建设的议案得到"南方+"等主流媒体专访,得到东莞市政府的积极回应,让我更加相信,获得更多社会支持不是梦。

有的人因为看见,所以相信;有的人因为相信,所以看见。你是属于前者,还是后者?

开展讲座,提升认知

在大量咨询中,我们发现很多家庭要解决的不是母乳喂养技巧的问题,而是缺乏科学育儿的知识,因此求助往往只能是亡羊补牢。乳房多处淤积,乳头出血、溃疡,孩子睡眠混乱、拒绝哺乳……各式各样在母乳喂养过程中出现的问题,让母乳喂养背了黑锅,而此时的科普更是事倍功半。

因此,我们积极联系孕妇学校,努力把科普前置。近三年来,我们的科普课程走进东莞多个孕妇学校和月子中心,得到人家的高度认可,尤其是二胎家庭的妈妈，纷纷表示提前了解了孩子出生后会遇到的情况和解决方案，在育儿的路上轻松了很多，实现母乳喂养成了顺理成章的事情，育儿幸福感翻倍。

随着科普内容越来越广泛，在卫健局和妇联的支持下，我们把孕期安养、母乳喂养、科学育儿、家庭建设的科普讲座带到社区，带到新手家庭的家门口，让妈妈们，甚至所有的家庭成员都能更低门槛地接触到最新的育儿资讯。全家人的认知一起提升，在育儿态度上高度达成一致，母乳喂养和科学育儿成为轻而易举的事情。通过讲座，**成百上千的"小许"**得到支持。

不忘初心，方得始终。我们的初心一直是支持更多女性实现母乳喂养，找到自我价值。你的初心是什么呢？

搭建团队，分工合作

一个人可以走得很快，一群人可以走得更远。在创业过程中，我无比感恩吸引了很多理念一致的母乳妈妈成为团队成员，和我一起前行。团队的所有伙伴都是从一名普通妈妈开始，通过持续学习，成为哺育支持团队的一员。

当然，在磨合中少不了分歧。我们曾经因为在线答疑时间而争吵，到底是从妈妈们活跃的时间出发，还是从伙伴的工作感受出发？我们曾经因为会议时长而争吵，到底是结果导向、直到产出有价值的成果，还是根据流程计划，控制会议时间？这些跟专业无关的问题在很长一段时间里成了我们的内耗根源。

这时，我遇见了海峰老师和DISC，发现了管理团队行之有效的方法。

成为授权讲师和咨询顾问的我,在团队内大力推行,不仅每周一次内训DISC,甚至三句话不离DISC。通过一个季度的努力,我们团队内的每个成员都认识到"DISC在每个人身上都有,只是比例不一样""一个人可能无法做到面面俱到,但是一个团队可以""做好组合,打好配合""识别对方的特质,用对方能接受的方式对待他"。我们终于不需要每天为鸡毛蒜皮的小事争吵,更清楚在需要做重大决策时,应该多听听目标感更强的伙伴的发言;在需要进行沟通对接时,应该多听听在乎感受的伙伴的意见。

从一个人活成一个队伍,再到一个队伍活成一个人,你认为需要多长时间?

破局而出,扩大影响

虽然我们成功影响了成千上万个"小许",但是对比每年的出生人口,我们的影响力其实远远不够。在DISC+社群的鼓励和帮助下,我们尝试用另外一种方式扩大影响力,尝试在母婴领域以外的阵地宣传母乳喂养。

经过不懈努力,我们成功登上2020年5月《中国培训》杂志的封面,让更多有影响力的讲师和机构看到我们;从母乳喂养支持的角度出发,结合女性产后情绪管理的文章更是入选《破局:成为有优势的人》,该书荣获2021年当当"双十二"新书热卖总榜第一名,让母乳喂养支持在更高的舞台上被看到。

破而后立,跳出局外,超越同辈,舍我其谁?

顺应趋势,持续爆发

十多年前,微信刚刚诞生时,我们要学习发朋友圈来发展业务,后来要学习写公众号,再到学习线上直播、学习拍短视频……自媒体一直在迭代,我们也要顺应趋势,才能做"站在风口被吹起来的小猪"。

每次迭代,我们需要匹配的团队成员都不尽相同,如何打配合、做组合?推荐一个九宫格工具给大家。

首先,在白纸上画一个九宫格,中间是"你",剩下的格子里写上你身边关系最紧密的八个人的名字,并在每个人的格子里面写上对应的、你看到的他们身上最明显的特质。

然后,写下一个你的短期目标,选择你认为影响目标达成的最重要的四个特质,圈出来。

接下来,用对方能接受的方式告诉他,他的特质如何影响你的目标达成,如果需要他的帮助,也请告诉他具体行动。行为改变需要时间,必要时,可以多次重复从圈特质到明行动的过程。

打造品牌,一路向前

今年,我的个人介绍受邀登上百度百科和搜狗百科,这是十年前的我从来没有想过的情况。

从一名母乳喂养受益者到一名母乳喂养推广志愿者,从一名母乳喂养咨询顾问到一名母乳喂养科普讲师,从一名领域耕耘者到一名跨界作者,从陪伴一个家庭顺利进行母乳喂养到陪伴一群人、帮助更多家庭顺利进行母乳喂养……我与一群有情怀、有能力的伙伴成为**成千上万个"小许"**成长的见证者。

今天,我很确定,我依然在朝着我的榜样一步步靠近,希望影响更多家庭,实现母乳喂养和轻松育儿,希望更多女性可以在母乳喂养的过程中找到自我价值。我更确定的是,未来十年,我依然会在这个领域深耕,为产后家庭带来更大价值。

谱写母乳喂养新乐章,期待有你来合奏!

琳达梨子

DISC国际双证班第65期毕业生

高等教育学硕士

注册心理师

心理赋能教练

扫码加好友

琳达梨子 BESTdisc 行为特征分析报告
CS 型

DISC+社群合集

报告日期：2022年02月18日
测评用时：05分37秒（建议用时：8分钟）

BESTdisc曲线

自然状态下的琳达梨子

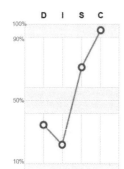

工作场景中的琳达梨子

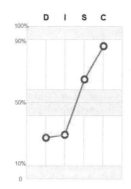

琳达梨子在压力下的行为变化

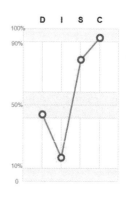

D-Dominance(掌控支配型)　　I-Influence(社交影响型)　　S-Steadiness(稳健支持型)　　C-Compliance(谨慎分析型)

在琳达梨子的分析报告中，呈现出的 C 特质和 S 特质相对较高，表明琳达梨子在工作和生活中善于思考，逻辑性强，关注细节，有很强的共情能力，在乎与关照对方的感受，易于相处。在工作中，她的 D 特质降低，I 特质提升，表明她会根据工作的需要，变得更加友善、热情。

转变视角,稻草变黄金

在儿子三岁之前,我是一位对育儿非常自信的妈妈,直到听了小家伙的一句话,让我重新审视了自己的教育理念和方法。

在此之前,我自认为工作和生活都顺风顺水。我拥有心理学专业背景,身为亲子关系和育儿教育咨询顾问,帮助许多客户摆脱了家庭教育的困境,收获了很多家长的肯定。我的儿子健康活泼,又乖巧懂事,可谓人见人爱。

一天,三岁的儿子一边玩,一边扭头对我说:"妈妈,以后我不会生小孩的,养小孩太麻烦了。"随后,又听他小声嘟囔:"小孩子总是犯错误。"

我被儿子的话惊呆了。

原以为精心养育的儿子无忧无虑,但他也有着自己的烦恼。儿子的话直白地反映了,他认为养孩子不是一个愉快的过程,这代表着他觉得自己的成长过程也并非很快乐。

孩子怎么会这么想呢?这件事给我敲响了警钟,在之后的一段时间里面,我一直在反思自己教养孩子的方式。

育儿的烦恼

老实说,从童年起,我看过了太多含辛茹苦却又鸡飞狗跳的育儿故事,我一直在想,有没有什么方法可以让养育孩子成为一件充满情感流动且有成就的事呢?这个答案并不容易得到。

不论是在中科院工作期间,还是在海外旅居期间,我仍继续目睹各种人仰马翻的育儿场景。养育孩子的困扰,不分学历和国籍,全球的家长都一样。

直到后来,我遇到了一种新的心理治疗方法——焦点解决短程疗法。这个方法起源于20世纪70年代,因为高效、简洁、易上手,很快就被应用在学校教育、企业管理、心理咨询等很多领域。之所以叫焦点解决,是因为它关注的是如何解决问题以达成目标,而不是聚焦于问题和原因。

用焦点解决去检视自己的教育方式,我震惊地发现,自己很多教育行为是典型的"聚焦问题"行为。比如,当时的我认为儿子的身上毛病一箩筐,穿衣服磨磨蹭蹭,搭不好积木或受点挫折就会哭,说话的时候身体总是动来动去,说话声音太小……眼里看到的都是儿子需要提高的地方,总觉得孩子可以做得更好,纠正的话语远远多于对他的鼓励。

我甚至跟儿子说:"不管你有什么毛病,我们都可以一起努力改正!""毛病""改正"都是指向问题的词汇,三岁的儿子如果一直听到这样的话,久而久之,他会认为自己是一个各种事情都做不好的"小麻烦"。

意识到这些后,我特别难过、自责,觉得自己是个不称职的妈妈。那一段时间,我一直都沉浸在沮丧的情绪中。

在一次学习焦点解决疗法的对话演练中,我把这件烦心事向伙伴们提了出来。伙伴们向我提了一个问题:"如果给做妈妈这件事打分,满分是10分的话,你会给自己打几分呢?"

我回答:"6分吧。"

伙伴们继续说:"为人父母不易,我们看到你全心全意地尽到母亲的责任,一直想要给孩子最好的一切,当你敏锐、细致地捕捉到了孩子的心理变化时,自己的心情也难免随之起起落落。虽然你认为自己在育儿方面有很多不足,但是你仍然做到了6分,那么你是怎么做到让现在的分数可以有6分的呢?"

我豁然开朗！是的！我还有很多做得对的地方呀！

"怎么做到的?"这个问题,一下子把我的注意力拉回到了对努力、能力、资源的关注上,整个人也重新积蓄起能量,不再去纠结过往的失误。

接下来,按照焦点解决的方法,我将关注点聚焦在"解决"而非"问题"上,即转变视角,把儿子的那些所谓"问题",转换成他在成长中需要学习的"技能"来应对。比如,说话时身子晃来晃去,要学习站直了、不动地说话的技能;说话声音太小,要学习大声说话的技能;穿衣服磨磨蹭蹭,要学习的技能是快速地穿好衣服……

于是,孩子经常因为有了新的进步而被鼓励和赞美,不仅逐渐养成良好的习惯,也变得越来越开心和自信。

作为家长的我,则有了很强的胜任感,亲子关系也变得越来越融洽,要知道良好亲子关系的重要性远胜过教养技能千倍万倍。

这段如坐过山车般的经历,让我深入地理解了焦点解决短程治疗,也开始不断地使用它来解决现实中的困扰。作为焦点解决疗法的亲身实践者,我骄傲地养育了一个身心健康、被称为是"别人家的娃"的儿子。

焦点解决短程治疗

其实焦点解决的理论并不复杂,就是不纠结于问题和原因,而是聚焦于目标和进步。

什么意思呢?用我的这段经历来解释:当我关注自己的"问题行为"时,就会陷入消极情绪的泥潭,而忽视了其他正向的结果。但是当我聚焦在那些已经做对的部分时,便会看到自己的资源和优势,拥有能量,树立信心,向着目标去努力。

曾有一位12岁女孩的妈妈找到我,她想缓解和孩子之间冷漠的亲子关系。她说,女儿上中学之前,和她的关系很亲密,但是自从孩子上了中学以后,不仅学习没有小学时好了,人也越来越沉默,回家很少讲学校的事情和自己的想法、感受,即使家长关切询问,孩子也很少回应。

如果聚焦问题,就会讨论这是什么原因造成的,是亲子沟通出了问题?是时间管理的问题?还是父母期待过高的问题?夫妻关系对此有无影响?

采用焦点解决方法,会把焦点放在"期待"上,即妈妈期待如何改善和女儿的关系?期待女儿未来的表现和现在会有什么不同?把焦点放在"问题比较不严重的时候",即哪些时候和女儿互动会比较好一点,做了哪些努力,会让情况变好。

通过对比,我们可以明显看出,聚焦问题时,思考的是"哪里出错了""谁应该来为此负责",指向过去,强调要找出原因或引发问题的责任人,自然会产生愤怒、失望、沮丧等负面情绪。就像我们拿着的手电筒,光柱只集中在那一大堆恼人的问题上,四周是漆黑一片。

聚焦于问题,很有可能引发对抗或者辩论。在现实生活中,如果老师因为孩子的学习成绩不佳而对家长说:"如果你们再负责一些,孩子的成绩就不会这么差了。"家长难免会防御或反击,在心里反驳:上个学期,王老师教的时候,孩子成绩挺好的呀。继续发展,就有可能演变为对抗或争执,对于达成目标和解决问题毫无帮助。

焦点解决,思考的是"要的是什么""做的哪些是对的""未来会是怎么样的",强调的是目标、能力和资源,指向的是现在和未来。可能很少有人会想到,对未来的看法也会反过来决定我们对过去的看法。焦点解决促使我们去想象所期待的美好未来,就像阳光照进了我们的未来,那么阳光也必定会照亮我们的当下和过去。

也许有人会发出疑问,难道我们就这样毫不关注问题本身了吗?

要说明的是,焦点解决不是在逃避问题,也不是在否认聚焦问题模式的价值。

聚焦问题和焦点解决,二者就像太极图的阴阳两极,聚焦问题是努力减少阴的部分,而焦点解决是尽量扩大阳的部分,因为阳的部分就是我们的优势和能力,所以能够直接产生正向循环,这也是焦点解决效率高的原因之一。

你也许会问,两种模式各有效用,那么怎么知道自己更倾向于哪种模式呢?

看看下面两个问题,你就会大致了解了。

问题一:有人对你说,"桌上有半瓶水",你脑海中第一时间产生的是如下哪种想法呢?一是你会觉得不错,还有半瓶水;二是你觉得遗憾,只剩半瓶水了。

问题二:孩子考了98分回来,如果你是家长,是更关注获得的98分,还是更关注那2分是怎么丢的呢?

两题都选择第一种想法,就是倾向于焦点解决的模式,选择第二种想法,则是更倾向于聚焦问题的模式。

留下骄傲的记忆

本·富尔曼医生是荷兰著名的焦点解决大师,也是我学习焦点解决方法的老师之一。他不仅是焦点解决的传播者,更是多年的实践者。

离第一次见到他,已经过去十余年了,时至今日,他的容貌变化不大,仍然满面红光,笑意盈盈,风趣幽默,精力充沛。多年来,无论是在生活中,还是在工作中,他一直都生机蓬勃、充满创造力,他示范了常年坚持焦点解决思维方式之人的良好状态,是我们的榜样。

他在著作《回弹力》中,曾经分享了自己的一次亲身经历。

有一天,富尔曼医生跟一位心理学家朋友带着各自的孩子喝茶聊天。突然,富尔曼医生三岁的女儿不小心打翻了茶杯,滚烫的茶水泼溅到了她身上,当女儿还在愣神的时候,朋友已经抱起孩子,几步冲到了卫生间里,用冷水对着烫伤处进行冲洗。富尔曼医生紧跟着跑到卫生间,孩子回过神来开始大哭,富尔曼医生安慰着女儿,并帮她换下了湿漉漉的衣服。

等大家再次回到餐桌,谈论起刚才发生的一幕时,这位朋友对女孩赞赏有加:"哇!你真是太聪明了,居然知道抬起手,保护你的脸不被热茶烫到!"小女孩听了,一脸骄傲的样子。

随后,朋友又夸奖了富尔曼医生,用很短的时间就安抚了孩子的情绪。富尔曼医生马上意识到自己应该感谢朋友,于是诚恳夸奖朋友才是整件事情中最聪明的人,因为他反应迅速,并采用了冷水冲洗的办法,没有让情况更糟糕。朋友的心情自然也是喜悦的。

但这个时候,朋友发现自己八岁的儿子坐在一旁闷闷不乐,于是对儿子说:"你当时太厉害了,非常迅速地闪开,这样大家才能快速地冲到卫生间里。"男孩听了,脸上也露出了骄傲的神情。

可以想象,回家后,小女孩会骄傲地告诉妈妈,当她不小心打翻了茶杯时,她是如何机敏地护住了自己,她记住的是自己当时做得有多么好,而不是被扔到卫生间冲冷水澡的惨痛经历。小男孩也会骄傲地告诉妈妈,是他机智反应,才让事情得以快速解决。

富尔曼医生想告诉我们,留下的记忆可以是积极的,也可以是消极的。如果记忆跟羞愧、愤怒有关,它们就会变成记忆拥有者的一种负担;如果记忆与成就、肯定有关,它们就会成为记忆拥有者的资源。当我们选择留下积极的记忆时,即使是惨痛的经历,也会有"稻草变黄金"的奇效。

作为父母,我们有一项神奇的权利,就是可以选择给孩子留下什么样的记忆,是积极的还是消极的,在于你的选择。

决定权永远在你的手里

作为一名心理健康机构创始人、注册心理咨询师、父母心理赋能教练，在心理健康领域工作的十余年中，我一直致力于使用各种心理工具帮助大家解决问题。实践证明，焦点解决短程疗法，不管是应用于解决家庭教育问题，还是面向世界500强企业、标杆企业里30多万名员工，在帮助大家走出工作和生活困境时，都能取得良好的效果。

焦点解决不难，且易于上手，但学好并不容易，因为人类有一种关注负面信息的本能。想要学会焦点解决，必须具备一种全新的思维方式，要花一番工夫。

有个流传很广的故事，有一位神秘的智者，他可以回答任何问题，并且从来不会答错。一个顽皮的男孩想到了一个办法，觉得一定可以难倒智者。他抓了一只小鸟藏在手中，去问智者，手里的小鸟是死的，还是活的？如果智者回答是活的，男孩就会立即将手中的小鸟捏死；如果智者回答小鸟是死的，男孩就放开小鸟，让它飞走。

男孩子找到那位智者，问他："神秘的智者，请问你，我手中的小鸟是死的，还是活的？"智者沉思了一下，答道："亲爱的孩子，问题的答案就在你的手中啊。"

各位家长，如何正确处理孩子的教养问题？这个问题的答案就在你的手中。

各位朋友，如果你想做个不焦虑的父母，想让你的亲子关系和谐、融洽，或者你在寻找一种不较劲的充满正能量的育儿方法，找我就对了！我愿意和你一起用焦点解决短程疗法点石成金，做不焦虑的父母，创和谐有爱的家庭。

让我们一起，从现在开始。

李娟

DISC国际双证班第58期毕业生
青少年成长教练
研学旅行辅导师
财富罗盘&成长罗盘双教练

扫码加好友

李娟 BESTdisc 行为特征分析报告
CS 型

DISC+社群合集

报告日期：2022年03月31日
测评用时：07分06秒（建议用时：8分钟）

BESTdisc曲线

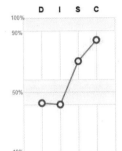

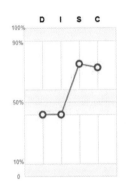

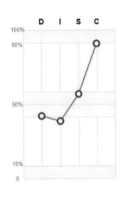

D-Dominance(掌控支配型)　I-Influence(社交影响型)　S-Steadiness(稳健支持型)　C-Compliance(谨慎分析型)

　　在李娟的分析报告中，自然和压力状态下的 C 特质相对较高，表明李娟做事严谨认真，擅长进行专业性或系统性的研究。工作中，S 特质相对较高，表明她在工作中更加关注他人的感受，具有同理心，是很好的倾听者，有很好的共情能力。在压力下，C 特质提升，表明她在压力下更关注细节，对于事情的结果和品质要求更高。

今天,你做孩子的成长教练了吗?

爱是最好的良药

不知道你现在是否已经为人父母?在成为父母或养育孩子的时候,是否会有焦虑和迷茫?我是有过的。

作为一名曾经的文旅人,我是全国文旅行业劳模,却在 2013 年选择离开从业了 18 年的行业,选择从头开始学习家庭养育,只因为那一年,我三岁的儿子得了儿童抽动症。

我依然清晰地记得那天下午,当我接到电话,急忙赶回家里,看到的是儿子坐在我妈的怀里,歪着头,左边嘴角不停地向眼睛方向挤,伴随嗓子里发出哼哼的声音,右胳膊还在不停抖动。我吓坏了,急忙带着孩子去了医院,医生给了我一个暴击,"这是儿童抽动症"。抽动症的学名为抽动障碍,是一种以不自主、无目的、刻板肌肉收缩为主要表现的神经发育疾病,临床上大约半数的抽动症患者有一种或多种合并症,如合并注意缺陷、多动障碍、强迫障碍、学习困难、自伤行为等。

我不敢相信,也不能相信,孩子好好的,怎么就得了这种病呢?于是我开始带着孩子,从一家医院跑到另外一家医院,从安徽到江苏,再到上海,跑遍了周围省市所有知名的儿童医院,可得出的结论都是一样的——中度抽动症,目前只能靠抑制神经类的药物控制。

最令我崩溃的是,随着去医院次数的增多,孩子抽动的病情没有好转,反而越来越严重。他会趴在我怀里,哭着问我:"妈妈,宝宝是不是病了呀?宝宝好难受,好害怕,宝宝再也不想去医院了。"听着孩子的话,我心都碎了,像被扭到了一起,痛得喘不过气来。我只能紧紧地把他抱在怀里,强笑着说:"宝宝不害怕,我们没事,就是身上的肌肉喜欢跳舞,我们问问医生怎么能让它听话一点。"那段时间,我整夜睡不着,哭到天亮,我在心里无数次地祈祷:"老天爷,你把病转到我身上吧。只要孩子能好,十倍百倍的痛,我都愿意承受。"

我不想给孩子用抑制神经的药,他才三岁,万一发生用药风险怎么办?可不用药,又害怕耽误孩子的治疗。我开始向国外做医学研究的朋友求助,一位德国的朋友告诉我,在德国,出现这种情况,不会给孩子用任何药,孩子还小,大脑还没有完全发育,需要治疗的是大人,要改变家庭养育方式,多陪伴孩子,用爱的环境治疗孩子。

我陷入了迷茫和焦虑,该怎么办呢?我必须要做出选择呀。这个时候,老公给我讲了一个红丝带的故事:

二战结束后,一个年轻的士兵在火车站给父母打电话:

"亲爱的妈妈,我是皮特,你的儿子,我要回来了。"

"哦,天啊,我的孩子,你还活着,真是太好了!我们总算把你等到了。"

"是的,妈妈。我一直系着你给我的红丝带,好几次受伤,感觉要死时,都是它保佑我活过来的。妈妈,我有一个战友,他现在无家可归,我们能不能收留他?"

"哦,当然可以,我们很欢迎我们的英雄。"妈妈说。

"可是,妈妈,还有一件事我必须告诉你,我的战友在战斗时被炮弹击中,失去了双臂。"

第一章 亲子升温

电话那头沉默了,时间好像过了很久,他父母回复道:

"孩子,我们很同情你的战友,可是你要知道,我们家并不是那么富裕,而且,还有你的弟弟妹妹需要照顾,所以,很抱歉,恐怕我们不能收留他了。"

"没关系。"好半天,年轻的士兵才出声。

"对不起,儿子。那你快点回来吧,我和你爸爸等着你呢,再见。"

"再见,妈妈。"

可是,时间过了很久很久,老夫妻都没有等到他们的儿子。突然有一天,一个军官来到他们家中,告诉他们,他们的儿子死了。他们不肯相信,直到军官带着他们去认领儿子的遗体时,他们惊呆了:他们的儿子没有双臂,却在脚上系着红丝带。这时,他的父母明白了,原来失去双臂的是儿子,孩子在战场上逃过了死神的追赶,幸运地活了下来,却因为害怕父母的嫌弃,选择了自杀。

老公说:"我们爱儿子,无论他变成什么样子,爱都不会改变,那还有什么怕的呢。"是啊,我们愿意为孩子改变,也愿意接纳他的一切,爱就是最好的良药。

从那一天开始,我振作精神,开始看书、上课,学习各种课程,包括儿童心理学、正面管教、DISC 性格分析、如何说孩子才会听等各种课程。得了抽动症的孩子注意力容易不集中,为了更好地帮助他学习,我还学习了基于脑科学的课程开发、研学、青少年生涯规划等。

随着学习,我们的家庭氛围也发生了很大的变化。原来总是想给孩子最好的,对他高标准、严要求,现在尊重孩子,让孩子做选择,在我们的耐心陪伴和鼓励下,儿子真的慢慢好了起来,没有用药,也进入了稳定期,生活中基本已无抽动症的症状。

父母是需要学习的一种职业

我们总想帮助孩子、指导孩子，却忘记了自己也是成长中的父母。无论在自己的专业领域有多优秀，在父母这个岗位上，我们也要从头开始学习。我们有的经验只是过去的学习和专业知识的积累，对于未来，我们也是未知的，必然会有焦虑、有迷茫。

爱是家庭养育的良方。尊重与支持让我们拥有走出迷茫的勇气，学习让我们拥有让家庭幸福的方法。因为淋过雨，所以想给别人撑伞。因为自己的经历，我越来越意识到家庭养育的重要性，我开始从事家庭养育的公益推广。

我曾经帮助玩游戏的孩子从排名年级第 300 名，回到年级第 40 名；我教家长们从打篮球开始，帮助高一孩子找到学习自信；我能从一张卡牌中，发现孩子在父母关系中受伤……一个个咨询案例让我发现，原来 80% 的父母都存在家庭养育的困扰而不自知。

父母更多关注孩子的学习成绩，而忽略了家庭养育和孩子的心理健康。孩子学习是为未来生活做准备，分数不是教育的全部内容，更不是教育的根本目标。所以，我们要培养的是孩子学习的能力，而不是培养孩子成为学习的机器。

在 2022 年北京冬奥会上，夺得 2 金 1 银的谷爱凌成为全网热议的宠儿，这位"天才少女"辉煌的成长经历也让她成了"别人家的孩子"。谷爱凌的大火，除了让我们羡慕以外，她的家庭教育更是成了家长热议的话题。

有人说她天赋异禀，也有人说她家庭条件好、基因好，更有人说是谷爱凌妈妈的教育成就了现在的她。是啊，仅凭天赋、基因，是不足以把好牌打成王炸的。

一个孩子，如果在人生最重要的人格养成期，没有父母陪伴，也没有得到正确的教育和引导，是容易长歪的。自古以来有好基因、却没被教育好的孩子有很多。

每个孩子的成功,一定都是天赋 + 培养 + 努力 + 坚持不懈的综合结果。纵观谷爱凌的成长经历,不难发现谷爱凌的成功就是家庭教育的成功。谷妈妈陪伴谷爱凌,尝试过攀岩、骑马、越野跑、足球、篮球、射箭、滑雪等各种运动,不断创造机会,让她尽可能多地观察、探索这个世界,从中发现其兴趣点,顺势去培养。

谷妈妈让孩子在做选择中激发她的梦想,用爱和尊重,支持、鼓励她勇敢实现内心梦想,探索更多可能。可以说,妈妈才是谷爱凌最好的成长教练。

天才之路无法复制,但是成功的教育经验值得借鉴。父母是孩子的第一任教师,家庭是人生的第一课堂,孩子在不同的发育阶段,父母充当着不同的角色。

0~6 岁,家庭教育的关键是:父母需要通过高质量的陪伴,提高孩子的安全感,发展多元兴趣,提高孩子的自信心。

7~12 岁,家庭教育的关键是:父母是孩子行为的规划者,注意孩子习惯的养成。

13~18 岁是孩子的青春期,父母要做孩子的支持者,锻炼孩子独立解决问题的能力。

"教育不是为了今天,而是要为未来生活做准备,孩子们以后的竞争对象可能不只是全世界的人才,甚至有可能是人工智能,它们会使用现在还未发明出来的技术,解决从未想到过的问题。"

所以,我们必须用发展的眼光去看待孩子们生命中出现的成长和挑战,把每一步都当成训练。父母需要用心陪伴孩子成长,理清孩子不同的成长节点,激发孩子内在成长的动力,培养孩子未来生活的能力。

当一个孩子因异于常人而被大家贴上标签时,或许这正是他与众不同的天才之处。曾经就有这样一个小男孩,他小时候很难保持安静,医生诊断出他患有注意力缺陷,也就是多动症。对于这样的病症,药物可能会有一些效果,但是他的父母坚信体育或者其他的体能活动会对他更有作用,因为当他做体操或者高难度的拉伸动作时,他可以保持平静。于是,在家庭聚会的时候,他的父亲就经常鼓励他去展示自己的才能,支持他在客厅一边练习拉伸,一边完成作业,给他时间练习后软翻和劈叉,让动作变得完美。长大以后,这个男孩成了百老汇的专业舞者、冰球运动员、健身模特、影视演员,成为行业中最受欢迎的健身舞蹈专家,他就《肌肉训练完全图解》的作者克雷格·拉姆奇。

每个孩子生下来都是一张白纸,父母就是作画人,白纸变成什么样,关键在于父母。每一个孩子也都是独一无二的生命体,他们都有自己的独特性,需要父母通过用心陪伴、细心观察,发现孩子的优点,鼓励训练孩子的优势能力,一点点唤醒孩子灵魂中的热情和创造性。只有这样,我们才能为孩子的终身发展引航。

我们常说:"不写作业,母慈子孝;一写作业,鸡飞狗跳。"这句话形象地描绘了看孩子写作业时父母的崩溃。

一个朋友向我咨询,说她陪儿子做数学题,每次都恨不得把孩子塞回肚子里,每次陪写作业都是一次渡劫,天雷滚滚,总想发火,有时忍不住出手,打了以后还后悔,可是下次再写作业时,还是控制不住自己,怎么办?

我问她,想想你要教会孩子的是什么?是碰到不会做的题目就发火不做吗?还是直接撕本子?她说,肯定不是呀。我说,你看,你现在教他做题目,不会做就发火,再不然就武力解决,这都是你教他的呀。这样下去,孩子还会因为每次被你用情绪暴力对待,而没有自信、厌烦学习。家庭教育不需要说教,需要的是言传身教,孩子不止看你怎么说,更看你怎么做。

在家庭教育中,我们一定要记住:先解决情绪,再解决问题;先处理好关系,才有教育。陪伴孩子成长,我们要和孩子一起解决困难,而不是和困难一起打败孩子。

世界上没有完美的家庭,每个家庭都有各自的优势和难题,家庭教育中出现的问题并不是洪水猛兽,就好像山里有老虎,马戏团也有老虎,两只老虎有可能是同一只,关键就看你怎么对待它、驯化它,方式不一样,结果也会不同。

家庭教育没有完美方案,更没有灵丹妙药,让我们可以一劳永逸。孩子在成长,父母也要不断学习,才能通过观察、实践和反思,整理出最适合自己孩子的教养策略和求学路径,以应对未来的挑战。

每个孩子都是独一无二的存在,是具有无限可能的个体。教育的本质是帮助他们发现、释放自我。不是每个孩子都可以成为谷爱凌,成为奥运冠军,或成为行业精英,但每个孩子都可以变得更好,实现自我价值,成为自己的超级英雄!

我们不是要把孩子变成我们想要的样子,而是支持他成为他想要成为的样子!未来不是家长要去的地方,而是我们要一起创造的地方。

亲爱的家长们,让我们用爱与陪伴支持孩子,做好孩子的成长教练,和孩子一起成长为更好的自己,创造更好的世界!

如是(魏书蓁)

DISC国际双证班第57期毕业生
家庭赋能教练
二级心理咨询师
心理空间优化师

扫码加好友

如是（魏书蓁） BESTdisc 行为特征分析报告　　DISC+社群合集

CS 型

报告日期：2021年12月12日
测评用时：08分42秒（建议用时：8分钟）

BESTdisc曲线

自然状态下的如是（魏书蓁）　　工作场景中的如是（魏书蓁）　　如是（魏书蓁）在压力下的行为变化

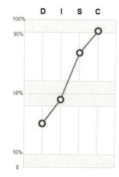 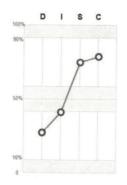 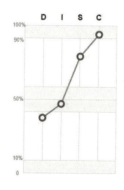

D-Dominance(掌控支配型)　　I-Influence(社交影响型)　　S-Steadiness(稳健支持型)　　C-Compliance(谨慎分析型)

在魏书蓁的分析报告中，三张表的 C 特质和 S 特质都比较高，表明她做事求稳妥，既要事好，又要人好，团队意识强。做事前，习惯先收集信息，充分考虑，谋定而后动。同时，她乐于为他人和团队着想，善于从细微处觉察他人需要，富有同理心。三表图形一致，说明她表里如一，真诚待人，不会刻意伪装自己。

人生藏在故事里

"我是谁?"一个古老又年轻的话题,一个只要生命不息,就忍不住要探索的话题。因为,它可以让我们把过去、现在和未来重新联结,创造出独一无二的生命故事和未来人生。

就像心理学家丹·麦克亚当斯教授所说:"**我们内心的故事塑造了我们的身份认同,我们的身份认同决定了我们的命运。**"

不知道,你的故事里,是否有不被父母理解的苦恼?是否走进了婚姻,依然会有孤独的感觉?是否在为孩子的养育费心不已?我的故事里不知道是否有你的影子?

成长:"不听话"的孩子更渴望被倾听

我小时候,父亲要上班,母亲要干活,奶奶就成了那个带孩子的人。

我印象中的第一幅画面,通常是奶奶抱着最小的弟弟,我跟在她身后。有时候会去开小卖铺的那个奶奶家,有时候会去几个有人扎堆的地方,孩子们玩孩子们的,大人们一边看着孩子,一边有一搭没一搭地闲聊。

听妈妈说,奶奶是个护短的人。具体怎么护短,我没有印象。那时候,孩子多,大人们忙,"鸡娃"的现象很少见,大点的孩子会跟大人下地干活,小点的孩子则自己玩自己的,爱干嘛干嘛,有足够的时间去琢磨自己喜欢的事儿。用现在的话说,就是有足够宽松的成长空间。

我印象中的第二幅画面是,每到星期天或者节假日的早上,就会有好多小伙伴到家里来找我玩,因为我有很多小画书,他们也喜欢看。我喜欢读书的习惯,就是在那个时候扎根心里的。

我印象中的第三幅画面,是我房间的墙上,那行大小不一、深浅不一的粉笔字——"小豆子也是会长大的。"记不清是什么时候写的,也不知道是为什么事情而写的,只依稀记得是因为我"不听话",也就是我不接受妈妈给我的某些评判,和她辩解,被训斥后留下的。

妈妈是个传统的家庭妇女,有着她那个年代的人所特有的品质,勤劳、善良,也有着她那个年代的人特有的信念。比如,自家孩子和别家孩子在一起,总会习惯性地抬高别人的孩子、贬低自家的孩子,因为做人要**低调**、**谦虚**。如果孩子们有什么冲突的话,无论对错,照例是先训斥自家的孩子,因为做人要**厚道**、**谦让**。

那时的我,还不理解,也不懂得文化和信念的力量,自然不明白妈妈的用心以及背后的逻辑。我虽然不会当着外人和她犟嘴,但是,我有个"护短"的奶奶,我又看了很多家长都没有看过的书,所以没有外人时,我就会忍不住争辩,妈妈会生气地说:"小豆子儿样,你还想翻天嘞?"

在妈妈看来,做父母怎么能放任孩子没规矩呢?因为在很多家长眼中,"不听话"就等于"没教养""不懂礼貌","和我争辩"就相当于"反对我",就说明"没规矩",是"挑战权威",是叛逆,这是不能被接受的。

其实,在每一个孩子的天性里,都藏着对父母、对家庭的绝对忠诚。正常情况下,孩子们根本不会想要去挑战家长的权威。对于小小的孩子来说,他的"不听话",不过是想把自己认为的不一样分享出来而已。对于青春期的孩子来说,完全听话不就成了复刻的父母了吗?所以,他只是想要成为意识独立的自己,和这个家既亲密,又独立。对于叛逆的孩子来说,虽然有对家长的反对、质疑,甚至还有挑衅,也不过是在冲破束缚,释放曾经压抑的能量,发现自己潜在的力量而已。

当然,叛逆不是成长的必经之路。只有不满于关系中的束缚和限制,又有足够的力量去反抗,才会有叛逆出现。归根结底,"不听话"只是一个表象,"不听话"的背后是希望被看见、被听见、被理解,是对关系和联结的渴望。"不听话"的本质是想要打破束缚,争取更大的成长空间。由此可见,"不听话"的孩子更需要被倾听、引领和包容。

亲子关系小锦囊:换个视角,重新解读所谓的"叛逆"和"不听话",深化联结,给予空间,陪他成长。

成家:婚姻是两个人在互动中形成好的配合

我的先生算得上一个"暖男",出门在外会一门心思挣钱养家,回到家里带孩子、做家务也样样不落,甚至在很多事上会无原则地惯着我。熟悉我的人,都认为我嫁了一个知冷知热的好老公。不止一个人说,你别身在福中不知福哦。以至于我和先生产生别扭,我妈不问青红皂白,就会习惯性地"讨伐"我:"人家对你还不够好吗?"

婚姻如鞋,合不合脚只有自己知道。在很长一段时间里,我不知道我的婚姻有什么不对,但是我知道我不开心。

印象中,有一次我们换家具,把一套家具从一个房子搬到另一个房子里,先生想着不费多大事,就没有找人。真正去搬的时候,才发现厚厚的实木长桌非常重,一个人搬起来还真费劲。我上去和他一起抬,他不许我插手,自己钻到桌子下面,费劲地把桌子扛起来,吃力地搬走了。我和女儿兴冲冲地跑去搬椅子,也被他给拦了下来。女儿被别的事情吸引走了注意力,开开心心地玩去了。我站在旁边,却高兴不起来。

有个如此宠爱自己的老公,不应该高兴吗?我在心里不止一次提醒过自己。后来,我才渐渐明白,我的不开心来自于哪里。在我的心里,夫妻应该是同舟共济、同甘共苦,有福一起享,有活一起干。在婚姻共同体里面,都是建设者,没有观众,但是,在他的心里却是,爱你就是为你分担,我能干的,我都干。还有一句是连他自己都没有意识到的潜台词:你能干的,你去干。所以,家里面,他不擅长的事情、他没有兴趣的事情,他会选择不插手。我从小习惯了大家庭里热热闹闹的互相帮助、开心做事的场面,感觉再多再难的事,都架不住人多心情好,所谓"人心齐,泰山移",特别渴望良好、融洽的合作。先生则从小习惯了独立,在他的印象里,大家划分任务,各自独立完成就好。

众所周知,婚姻里的两个人,没有绝对的是非好坏,只有舒不舒服、适不适应、感觉好不好。没有谁会替你想,满是赞誉的婚姻里,为什么会有孤独行走的感觉?

那时,我不明白哪里出了问题,无法用专业的视角告诉自己:**好的婚姻、好的夫妻都是互相配合出来的。如果一对情侣结婚了,还保持着婚前的状态,没有为彼此做出任何改变,也没有形成新的属于双方共同的生活规则,那他们就依然是单独的个体**,而不是一对真正的夫妻。

很多人都知道一句话,"婚姻是爱情的坟墓"。走进过婚姻的人会知道,这不是危言耸听,而是高速公路上提示牌般的存在,婚姻保鲜既要全神贯注,又要灵活应变。

也有人调侃,婚姻是一项投资,爱情相当于注册资金,结婚证相当于营业执照,婚礼相当于开业典礼,至于收益如何,那要看甲乙双方的合作情况了。虽然是调侃,却不乏深意。留心观察,你会发现,生活中**好夫妻、好婚姻,无一不是双方积极配合、良好互动的结果。**

安徒生的童话《老头子总是没错的》,不知道你听过没有?故事的主角是一对贫穷的乡村老人,有一天,老婆婆让老头子把家里唯一值钱的马拉到集市去换点东西。到了集市,老头子考虑到自己家的条件和老太太的心愿,于是先用马换了母牛，又用母牛换了羊，羊换了鹅，鹅换了母鸡，最后用母鸡换了一袋烂苹果。

一个商人听说了他的整个交易过程后，嘲笑他回去一定会被老婆婆臭骂一顿，老头子却一口否定："不会不会，我老婆一定会夸我说，老头子总是没错的。"商人根本不相信，就赌上一袋金币，和老头子回家验证。他们一进门，老婆婆看到老头子回家很高兴，老头子给老婆婆讲他的经历，他每讲一次交换，老婆婆都由衷赞叹："太好了！老头子总是没错的。"一直讲到烂苹果，老婆婆说："太好了！知道你要回来，我想给你做香菜鸡蛋饼。家里没有香菜了，想去隔壁借一把，可是隔壁那个太太说，连一个烂苹果都不会借给我。现在好了，我们不用借她的烂苹果了，还可以借给她十个烂苹果，甚至一袋的烂苹果，这可太好笑了。"说着就吻了老头子。商人愿赌服输，不但给了他们一袋金币，还满脸羡慕地说，不知道你们这样的快乐用多少金币能换？

童话之所以能广为流传，是因为它可以带给人们思考。这篇童话的文风虽然夸张、诙谐，却简单明了地揭示出好**婚姻的要素：乐观的心态、充分的信任、积极的配合，以及用最大的善意解读对方。**

试想，一对来自不同家庭的夫妻，带着不同的生活习惯和家庭背景，组合在一起，既要保持自己的独特性，又要建立一种彼此协调的共同规则，这是多么大的一个跨越？只有完成这个跨越，伴侣才会心甘情愿地为爱改变和付出，形成童话里那种心甘情愿、快乐幸福的好配合。没有完成这个跨越，付出和改变就会变成强迫和控制、追和逃的"游戏"。曾经有句流行语，"好女人是一所好学校"，其实，好男人亦然。**婚姻里好的配合，就是好男人、好女人的孵化器，可以把家庭变成好学校，把错的人变对，让婚姻双方越来越成熟、越来越优秀。**

亲密关系小锦囊：学会信任和依赖，用好的配合，达成新共识，形成新规则。

用海峰老师的话说，就是学好、用好 DISC，了解自己，理解他人，把你遇到的那个人变成对的人。

成熟：养育孩子也是重塑家庭

曾经给我做过教练的一位学长，调侃我是"非主流育儿"，比"孟母三迁"还狠。因为和大多数有了孩子才学育儿的家长不同，我是先学育儿，后做家长。所谓"人生没有白走的路"，陪伴孩子成长的过程，也是我将心理学专业从理论到实践的转化过程，还是我完善人格、重塑自我，把单一视角转换为多元视角，去透视成长和养育的过程。这让我在面对孩子的时候，有更多的视角，去从容应对。

由于疫情的原因，孩子最近在家上网课。中午吃饭的时候，我跟孩子聊天，聊到作业，我问她："写完了吗？"她说："没有。"我说："那你上午写多少？"她说："没写。"我好奇道："那你干啥了？"她答："我玩手机了。"我回她："我不知道，你为什么知道作业没完成还玩手机，但我知道你这样做一定有这样做的道理。我非常欣赏你的坦诚，至少你是真实一致的，没有在做'东'的时候，却告诉我你在做'西'，这种品质很可贵。"

她眉眼弯弯，一边夹菜，一边说，你怎么这么有善意呢？我故意嘚瑟："我就是这么有善意呀，你前两天不还甜蜜蜜地跟我说，这网课让咱们关系更和谐了吗？"两个人又聊了一些别的话题，我没有追问，也没有再催促她关于做作业的事，但我相信，她会抽时间把作业赶出来，因为我给了她足够的理解、接纳和信任。

就像每个人开车之前要先考驾照，目的是防患于未然。有能力、懂规则，上路就不会有太大的麻烦。准父母提前学习和提升育儿能力的价值也在于此。

昨天是周五，因为周六不上课，孩子有点放任自己晚睡。接近 11 点的时候，我去洗漱间，路过她门口，见她房间里还亮着灯，我站在门边，对她说：

"看见你还没睡,肝有点疼。"她走出来问我:"你肝咋会疼啊?"我一本正经地回她:"看你这么晚还没睡,我担心你的身体。我那么爱你,看你这么熬下去透支身体,我就一阵儿一阵儿地心疼、肝疼。"女儿的小手在我胸前轻抚了几下,嘿嘿一笑,转身回去了,几分钟后,她房间熄灯了。

教育不是说教,而是潜移默化地影响和示范。教育也不是教条,而是此时此刻,真实的你和我。教育更不是预设,不是把"你"精雕细琢成"我"想象中的样子,而是爱你如是,非我所愿。

近年来,越来越多有关大脑情绪的科学研究证明,一个人用童年经验构建的情感人格,几乎可以伴随一生。你有时候之所以在学习上,会从怦然心动到一动不动,就是因为你学习到的新知识和你原本的内建人格不一致,操作起来难度大。

总之,孩子未来的人际关系,就藏在父母和他的互动里;孩子未来的能力,就藏在父母对他的态度以及陪他做事的过程里。所以,从小在孩子的心里播撒爱的种子,善待他,长大后,他才会有更细腻的情感、更丰富的人格、更有能力、更有动力去做事,去善待他人。未来有一天,当他有了爱的人,有了婚姻,有了宝宝,他会欣慰地说:"我知道怎么爱家人、爱别人,因为我曾经被我的父母用心爱过。"

没有完美的人生,也没有不留遗憾的童年。即使我无数次告诉自己,不把自己童年的遗憾留给孩子,我还是不可避免地给孩子留下了遗憾,在不该分离的幼儿期,有过分离;在不该动荡的年龄,多次搬迁。养育孩子是父母的修行,再有爱的父母,也会在养育孩子的过程中留下遗憾,何况,我们和我们的父母也都有自己的遗憾。

好在,**凡事都有一体两面,问题的背后是资源,遗憾的背后是经验。养育孩子的过程,也是转化童年遗憾、重塑自己的最好时机。**借助孩子,看清自己,看透家庭,在为自己找一条新路的同时,也打破家庭的固有模式,为家庭乃至家族寻求新突破和新跨越。站在家族历史的发展上来看,你会发现自我发展并不是一个人的事情,它是以家庭为单位、几代人共同努力的结果,人格的成熟和完善,也不是一场个人赛,而是一场接力赛。

家庭关系小锦囊：用更大的视角看家庭和个体的关系。用爱作为底色，用信任作为背景，赋能对话，增加家庭能量。

我的故事讲完了，不知道有没有给你什么启发？我不知道你经历了什么，但我知道，不被父母理解、在婚姻中觉得孤独以及为孩子费心的滋味。

如果你需要，请让我为你助力！疫情肆虐，挡不住人间真情，爱自己，为家庭赋能！余生，只想做好一件事，让每一个家庭充满欢声笑语，有爱在流动！

刘瑛

DISC国际双证班第60期毕业生
国家亲子沟通高级培训师
国家催眠疗法（高级）咨询师
中国培训发展研究中心认证高级培训师

扫码加好友

刘瑛 BESTdisc 行为特征分析报告
CS 型

DISC+社群合集

报告日期：2022年03月31日
测评用时：05分06秒（建议用时：8分钟）

BESTdisc曲线

自然状态下的刘瑛

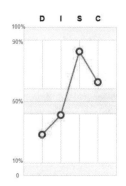

工作场景中的刘瑛   刘瑛在压力下的行为变化

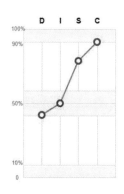

D-Dominance(掌控支配型)　I-Influence(社交影响型)　S-Steadiness(稳健支持型)　C-Compliance(谨慎分析型)

在刘瑛的分析报告中，自然状态和压力下的 C 特质最高，表明她做事认真、谨慎，善于通过制订计划的方式达成目标。三张表中，S 特质相对稳定，同时工作中的 S 特质最高。表明在工作中，她更关注他人的感受，严于律己，宽以待人。外表温暖有温度，内心坚定有原则。

职场父母平衡术

三大危机下,何去何从?

我是一位奋斗在职场、长期出差的 7 岁孩子的母亲。

回想 6 年前,那时的我常年在外出差,与家人聚少离多。由于工作的关系,女儿对我的距离感越发明显,伴侣间的亲密关系也有了裂痕。同时面临着领导不喜、女儿不亲、婚姻紧张的糟糕局面,我在外无心工作,回家不愿沟通。

女儿是我唯一的精神支柱,我心里最大的欣慰就是看着她每天健康、快乐地成长,可工作、婚姻和亲子关系三大危机同时袭来,让我陷入了无比的迷茫中……

奋斗在不同领域的宝妈们,你们是否也如曾经的我一样,因为长时间不能和宝宝见面,亲子互动变少,宝宝不再黏着你,不再愿意向你撒娇卖萌,甚至会害羞并躲开你的拥抱?可曾遇到在宝宝生日的前一天,精心准备好礼物和蛋糕,却因为一个十万火急的出差电话,就让温馨的画面彻底消失?

这些亲子关系的低谷,我想一次就痛一次。宝爸告诉我,错过宝宝生日那次,宝宝悄悄对他说:"我的生日愿望就是妈妈能好好在家陪我过生日。"那一瞬间,我心中无比懊悔,鼻头发酸,强忍泪水。

生活中的不顺,还在变本加厉。那时,我的婚姻岌岌可危,我和丈夫总是因为一些小事,从无目的的闲聊变成天翻地覆的争吵,家庭本应是包容、理解的温暖港湾,不知何时变成了矛盾高发的冰冷深潭。

每个人都想经营好属于自己的人生,我们需要花大把的时间和精力,找寻那个能妥善解决工作、家庭和亲子问题的平衡点。

人生低谷的思索

2017年年初,频繁的出差大大影响了我对年幼女儿的陪伴和母女互动。在一次长达一个月的外出公干终于结束后,我怀着与家人团聚的期待,踏上了回家的旅程。那个飘着绵绵细雨的夜晚,天气清冷,更增添了我心底对家和家人的牵挂与思念,最牵挂的当然是从小喜欢黏在我身上的女儿。我一路憧憬着女儿见到我后那惊喜的可爱表情,和一家人温情脉脉的团聚场景。上楼前,我还特地在楼下的蛋糕店买了女儿最爱吃的草莓布丁。

我带着满腔的期待与欢喜打开家门,同往常一样唤着女儿:"宝贝,妈妈回来啦!"却没有得到女儿的稚嫩回应,我带着疑惑,又连续喊了几声:"宝贝,妈妈回来啦,你看妈妈给你带了什么好吃的?"但依旧没有得到孩子如往常一样的热烈回应。取而代之的是,女儿坐在沙发上,用害羞、犹豫又胆怯的表情看着我,不仅没有像过去一样跑过来,抱着我开心地叫妈妈,围绕在我身边,反而无论我如何变着花样哄女儿,她都不愿意再和我一起蹦蹦跳跳地唱歌跳舞、游戏玩耍。

那一刻,心酸、难受、愧疚交织在一起,占满了我的思绪。环视家中繁乱的家务,爱人不断询问催促着晚餐的着落,我终于忍不住冲着丈夫大喊:

"我才刚到家,一口水都还没喝,一阵也没休息,你就开始催这催那,你烦不烦?"丈夫内心的不满也脱口而出:"一趟出差这么久不在家,对家里不管不顾,就只会操心手中的工作。"这次矛盾导致我们的夫妻关系断崖式地下滑,五一前的最后一个工作日,我们居然走进民政局,准备签署离婚协议。工作人员根据要求,将五一小长假作为我们的冷静期。要不是这个巧妙的时间点,这段感情只差临门一脚就断了。此时此刻,仿佛有千吨巨石压在心口,我感到喘不过气来。

对家庭无法兼顾,和对女儿的愧疚与思念,促使自己萌生了离职、回归家庭的想法。每一天,我都在忙忙碌碌的工作和对孩子强烈的思念之间的拉扯中度过。不想缺席女儿成长的每个瞬间,又舍不得自己挥洒青春、实现自我价值的职场,同时心里还有很多担心:当专职宝妈,与社会脱节怎么办?会不会很快就被同龄人淘汰?到底该何去何从?

内心纠结了大半年,工作状态也受到了影响,各种不如意此起彼伏。家庭没有照顾好,工作也开展得不如意,自己变得越来越不自信,我开始怀疑自己的选择和坚持是不是错了。

整个2017年过得一地鸡毛,我不断找寻和思考可以解决困境的方法。一次在查询关于处世之道和沟通技巧时,我偶然发现了2018年年初DISC双证班的开班信息,便抱着试一试的心态报了名。

紧张的学习让我对自己有了一个全新的认知,我开始认识到,只有更清楚地了解自己,发现自己的短板,理解他人需要的沟通方式,才能更好地和他人交流。也就是说:懂,比盲目的爱更重要。

是要改变自己,还是要逃避现实?

经过无数个翻来覆去、无法入眠的夜晚,经过无数次两难之间的挣扎,经历无数次内心反反复复的纠结，终于，我决定迈出第一步——通过学习课程，寻求自我改变。

DISC的学习激发了我沉默已久的学习兴趣。从2018年开始，我疯狂地报了很多学习班，从简·尼尔森亲授的正面管教到亲子沟通、催眠咨询等。

持续地输入与输出，将所学实践在自己身上，不仅改善了亲子关系、夫妻关系，在工作方面的沟通也迎来了新突破。系统的学习，让我每日通过正确、有效的陪伴，我和女儿的亲子关系上了一个新的台阶；公司项目的完美交付，也获得了领导们的一致认可。我得到了正确的方法指导，生活和工作都迎来了转机，一顺百顺。

我将所学应用于改善亲子关系。

刚开始，面对孩子的躲避与害羞，我运用了正面管教中的拥抱、特殊时光等技巧来逐步进行调节。只要能和女儿见面，无论在什么场合，我都会主动和女儿拥抱，亲吻她，并告诉她："宝宝，妈妈好想你！"若是在出差期间，每天至少视频一次，在聊天中，也会主动表达爱意："宝宝，我爱你！"刚开始听到我的示爱，宝宝会害羞，在鼓励她互动后，她慢慢地在任何场合都会主动抱着我的脖子或者在视频的另一端亲昵地说："妈妈，我爱你！"再暖暖地亲一口，吧唧！同时，我也尽可能提高陪伴质量。每天下班到家后，都尽量安排母女俩独处的时间，陪着女儿做她喜欢的事，比如饭后一起逛公园、一起骑车、一起做游戏等等，让有限的陪伴更高效，转变孩子的沟通、交流方式，让孩子更能感受到妈妈的爱与关怀。

慢慢地，女儿从开始的害羞、胆怯，变得愿意表达自己的想法。一次，我下班回到家，女儿看到我满额大汗，她拿着纸巾笨拙地爬到我的腿上，给我擦汗。她的小手在我脸上胡乱地擦着，我的内心无比温暖。不仅如此，女儿又开始像以前一样，欢乐地围在我身边唱歌、跳舞了，这份久违的天伦之乐让我觉得自己一切的努力都是值得的。

我不仅将学习的知识实践于自身亲子关系的改善，还将脱敏疗法进行推广，帮助朋友解决了多年害怕听到手机铃声的困扰。将实践成果转化为更多分享的能量,我开始连续使用不同的工具,为向我求助的朋友解决问题。

如今,面对孩子因害羞、胆怯、不愿意沟通、故意调皮等让家长束手无策的状况,我都可以用系统、科学、有效的方法帮助大家改善。

我用所学让夫妻关系变得融洽。

如果 C 特质的宝爸撞上 S 特质的宝妈,就好像火星撞地球了,加上家庭的各种琐事,夫妻间的特质差异将激化彼此的矛盾。学习 DISC 帮助我们更好地了解对方的性格特质,用对方感到舒服的方式交流,并逐步改善亲密关系,就像紧锁的婚姻之门找到了钥匙,打开彼此的心门,化解误会。

它能够帮我们找到和谐的相处方式,开始心平气和地聊天,一起谈论那年今日的往事,抒发各自工作中的感慨,倾听彼此遇到的问题,相互理解,产生共鸣。

夫妻之间也需要不断地相互欣赏、相互称赞,有时候一句简单的鼓励,或者一顿简单的晚餐,就能让平淡的生活变得有滋有味。

如果你因为沟通、交流不畅,导致夫妻关系紧张,强烈建议你和我一样,使用 DISC 测评工具,了解自己,理解伴侣,修复夫妻关系。

学以致用同样助力我提升工作中的沟通效果。

曾经的我有时直言不讳、口无遮拦,导致与同事、领导的关系陷入僵局。曾经,我与同事 A 共同负责一个项目,两人出现了分歧,甲方多次打电话,请 A 转给我信息时,A 却推脱说没看见人。当我得知事情原委后,一气之下冲到 A 的办公桌前,爆发出积压已久的情绪和意见,双方大吵一场,令同事关系陷入僵局。

冷静之后,我开始深刻反思,最后通过将 DISC 与正面管教结合起来,让自己内心平静,也让这场风波平息。在工作中,与同事合作时,建议采取以下做法:根据对方的性格特质,主动沟通,告诉对方自己的想法和需要对方提供的帮助与支持,提升彼此的信任度与配合度。发生分歧时,用对方相对容易接受的方式表达自己的观点和看法,才能更好地解决问题。

工作中的你,是否习惯一个人默默付出,甚少主动向上汇报?是否遇到困难独自扛下,不敢向上说明自己遇到的难题?是否领导问一句答一句,绝不多言?如果你的答案都是"是",建议采取以下做法,改善与领导之间的关系。第一,及时汇报所负责项目的进展状况,无论是好消息,还是待改善的部分,都主动同领导沟通。第二,让领导看见自己日常都在做什么,以及及时表达想要得到什么样的支持。

人到中年,发现职业"天花板"

话说做人难,做中年职场宝妈更是难上加难。掌握家庭、职场平衡术,能够让我们少走弯路。

曾在世界 500 强及上市企业工作的我,从内训师做到中层管理这 10 年里,我年均参加 200 场美肤养身培训与沙龙,拥有 30000 多会员粉丝,奠定了在公众场合讲话的基础,同时也积累了国家亲子沟通高级培训师、美国注册正面管教学校讲师等技能认证。在工作之余,我日常会组织沙龙,与宝妈们一起分享、交流亲子沟通技巧。

在这个过程中,我发现许多宝妈都面临一样的困境。工作中,不敢有丝毫懈怠,害怕中年下岗;生活中,奔波于照顾老人、孩子和处理家庭琐事,每天像陀螺一样,没时间参加朋友间的聚会,也不愿意花太多钱打扮自己,渐渐在内耗和焦虑中迷失了自我,陷入日复一日、周而复始的恶性循环中。

那时的我化解了自己的三大危机,一边开展本职工作,一边开展亲子关系咨询,整个人沉浸在同时拥有职业与热爱的满足感里,直到一次转机发生。

事情发生在一次公司内部的大型省训,面对 200 多位学员,我作为讲师,全情投入宣讲,很好地激发了学员们学习的热情,从现场互动到小测试考核结果,都让客户非常满意。

午休时,一位学员主动找到我,对我说:"瑛子老师,每次见到你都打扮得好职业,而且感觉你讲课讲得好细哦,你做销售技巧和护肤培训好多年了呀?"

当时的我有点窃喜,微笑回应:"谢谢你的喜欢哦,从步入护肤这一行业,我已经从事了差不多有12年了!"

学员听到后,发出惊叹:"哇!这么久!怪不得这么专业,又很容易听懂。只是护肤培训这一行还是不能长久,我上次参加一场培训,老师一站上讲台,大家就看见老师的皮肤松弛、眼袋下垂,看着她的形象,现场去学习的人即便对产品有兴趣,也会有点怀疑,毕竟大家始终相信自己眼睛所见到的画面……"

听到这里,作为S、C型性格的我,已经听不见她其余的话了,脑中直接出现了一幅十年后自己上课的画面:五六十岁的我,皮肤松弛,顶着黑眼圈,细纹爬满整张脸,站在台上,一个人奋力互动,但台下的学员却置之不理。刹那间,无力感、空虚感传遍全身。

这次偶然的聊天,让我清楚地看到了职业"天花板"。深度思考一个月后,我使用DISC测评工具,查看当下的自我状态。虽然对比6年前的自己,状态好了很多,但我更加清晰地知道,自己需要及时调整方向。就这样,我的第二职业——"瑛子陪你说亲子"工作室成立,并同步完成了商标注册及工作室的筹备工作。

回看自己一路跌宕起伏的个人提升和发展经历,都是宝贵的经验和财富。我提升自己,赋能他人,从初期的推广分享到专业咨询,从被动等待到主动出击,在将学习转化为成果的过程中,我极速提升和聚能。开展亲子活动沙龙,扩大品牌影响力。走进校园,举行亲子关系公益性座谈会,为老师、家长答疑解惑。

六年来,我和团队不停输出,不断帮助有需要的家长和孩子,为200多个家庭解决了亲子沟通中遇到的问题,帮助40多对夫妻修护了婚姻关系,能量仍在不断传递,更多的家庭在不断受益。

充实人生、实现自我价值是所有努力的起点，现在，我将为更多有需要的家庭提供及时、有效的帮助作为努力的终点。

我坚信自身通达，则更应当帮助他人。无论处在任何困境中，只要你愿意，只要你迈出寻求改变的第一步，便成功了一大半。记住，并不是你不好，只是还没遇到倾听者和能够给你帮助的同伴。

我是瑛子，国家亲子沟通高级培训师、DISC测评讲师与顾问、催眠疗法高级咨询师。正深陷水深火热的关系危机中的你、需要解决亲子沟通烦恼的你、正在为生活和工作无法兼顾而焦虑的你、寻觅快乐工作和幸福亲子陪伴兼得的你，都可以来"瑛子陪你说亲子"，这里有你想要的答案。

苏星宁

DISC+授权讲师班A14毕业生
高情商学习力创始人
青春期家庭的心理咨询师
企业家心智模式一对一教练

扫码加好友

苏星宁 BESTdisc 行为特征分析报告
CSD 型

DISC+社群合集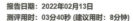

报告日期：2022年02月13日
测评用时：03分40秒（建议用时：8分钟）

BESTdisc曲线

| 自然状态下的苏星宁 | 工作场景中的苏星宁 | 苏星宁在压力下的行为变化 |

D-Dominance(掌控支配型)　I-Influence(社交影响型)　S-Steadiness(稳健支持型)　C-Compliance(谨慎分析型)

在苏星宁的分析报告中，三张表的C特质和S特质相对稳定，表明她具有对事严谨认真、待人宽容友善的行为风格。在工作中，她的I特质相对较高，表明她在工作环境下，会更多地采用主动沟通的方式，体现自己的表达能力和影响力。在压力下，D特质相对较高，表明她在压力下更聚焦于行动和结果的达成，敢于突破或推动变革。

跳跃成长：不断突破自我

像星辰守护大海
——DISC在青春期心理咨询的运用

2007年以来,我有将近2万小时的心理咨询个案,超过100万人听过我的线上、线下课,内容包括亲密关系、亲子关系、青少年学习力提升、职业生涯规划、情绪管理等。

有幸做自己热爱的事情,成就感超越了辛苦。在咨询室里,我用过非常多的流派,包括精神分析、萨提亚、存在主义等,我喜欢浸泡在心灵学问中,如精神分析、意象对话、房树人绘画分析、生命数字、舞蹈治疗、NLP、释梦、催眠……

在我10000多个家庭深度咨询个案中,孩子处于青春期的家庭占比最大。

像星辰守护大海,我想和大家聊聊如何在青春期孩子的心理咨询中运用DISC理论,用它的明亮星光,来守护青少年成长的航船。

这是一个真实发生在我身边的故事。

主人公小明(化名)是一个非常喜欢分析问题的孩子,他会经常天马行空地分析他生命中的事情。父母观察到他写作业不专心、脾气暴躁,成绩也下降了,就带着他来到咨询室。在咨询过程中,他经常满脸茫然,时不时地沉浸到他的自我分析当中。他说晚上总要搞到十二点甚至一两点才睡,睡眠质量也不好,梦里面会有大量破碎的片段,有时候在跟别人争论。他说特别喜欢看福尔摩斯的侦探小说,会经常幻想自己是里面的人物,幻想一些惊悚的画面。每个人当然可以有自己的爱好,但如果一个人长期沉浸在这种特别血腥的画面中,对心理健康就可能会有一些影响。

我问他,你觉得侦探小说的思维方式及里面的画面,对你的生活有哪些正面或负面的影响?他说他会把很多事情往最坏的方面想,我问他目前你的这种思维方式,你觉得对你个人产生了什么样的影响?他说觉得自己经常头疼,就喜欢坐在座位上发呆、想问题,很孤独,也不喜欢运动。

说到这,我就发现了他自己有调整的动力,那我就来做一个支持者,帮他一起调整。

单纯从 DISC 理论来看,小明其实是更加偏向 C 型的人,因为他是一个看起来非常善于思考和分析、高标准的完美主义者,做事行动慢,讲究条理,追求卓越。当不理解这个孩子的类型特点时,与他交流会很不顺畅,看他很奇怪;反过来,得不到理解和鼓励,也使他更加自我怀疑,陷入低落状态,这样他的学习动力肯定是不会特别足。

我们在对待差异时,李海峰老师曾说,我们往往有三个阶段的不同态度,从忍受到接受,再到享受,而大多数人在忍受阶段的时候,不一定能通过自己的力量成长起来,这时就要借助咨询师或是老师、伙伴的帮助来一起成长。

建立同频,从尊重对方的特点开始

在我看来,来访者呈现的只是特点,没有优点,也没有缺点,我一直践行和重视的是:尊重对方的特质和行为风格,善于做对方的引导者,并因此创造出新的动力和价值,看到效果。

在后续的心理咨询中,我以尊重孩子的特点为基础,非常专注地聆听他的各种分析。每次看到他走神时,我会把我想说的话慢慢地停下来,并且给他很多非常真诚的肯定,他说,"我每次到咨询室里来,是如此放松,我觉得太棒了","我又可以做一次清醒的梦游了"。我会问他,"除了咨询室,你什么时候还可以'清醒地梦游',拥有'自由又快乐'的感觉呢?"他想了一想,说,"其实我完全沉浸在学习里面时,也是很快乐的"。的确,因为这时他可以放下脑中很多暂时的思考,达到身心合一的状态。

不同的特质如何平衡

在这里,我发现其实小明的 C 特质(爱思考),跟 S 特质(重关系),需要达到一个平衡。于是,我就引导他想一想在他的生命中有哪些时刻,觉得跟别人有深深的而且非常平静的连结的。他想到大概十几个不用刻意思考、就已有美好回忆的画面时,突然就流泪了,他说:"老师,其实我发现有时候不用大脑,生活中就有很多美好的东西。"

听到这句话,我也很感动。我看到他或许之前有一些压抑,而当他发现了自己需要人与人之间的连结,也可以做到与人很好连结的时候,他对自己、对关系、对生命都有了很深的感悟。

发挥优秀特质,纠结的问题不见了

之后,我们又谈了为什么要好好学习的问题,他说:"我为什么不能去做乞丐?"聊了许久后,他突然告诉我:"老师,我明白了,其实我不是不能去做乞丐,而是对我来说完全没有必要,因为那会让我最爱的人伤心。"

他觉察到自己努力绽放生命和虚度光阴时,父母的表情和感受是完全不同的,而他自己的身心也有完全不同的感觉,这就是 S 特质重关系的表现。

在我看来,当不当乞丐是一个可有可无的选择,而那个可有可无的评判标准不一定是道理,而是他整个生命质量和他的感受。当我看到他自己就可以把 S 特质用在生活和学习上,让他的 C 特质变得更加平衡之后,我是非常高兴的!

挖掘其他特质,全面拓宽视野

在后续的咨询中,我们又针对喜欢思考的 C 特质的好处进行了一些深入的探讨。他说,其实思考让他很累,但就是想通过努力思考来得出一些不同的结论,成为一个跟别人不一样的人,原来这才是他最终的目的(D 特质的目标性)。那我就引导他,为了这目标,做什么事情是可以让自己觉得舒服、又可以跟别人不一样的。

他告诉我,他有件事想做,却一直不敢做,一场摇滚乐的演出里,很多人在用非常夸张的表情唱歌、跳舞,他觉得那个瞬间特别美好。在我的引导之下,他又说,其实他一个人在家洗澡的时候,把水龙头开得很大,也是一种尝试,一个人的情绪通过表情、通过声音、通过动作表达出来,他觉得很酷。

大家知道 I 特质就是非常有感染力和表现力,非常有热情的。我就告诉他,其实每个人都有很多选择,让自己感觉与众不同。如果你以前只是用了你的头脑,那说明你的潜能还很大,你其实可以用你所有能用到的部分。

小明非常有灵性,他接着说,那其实除了唱歌之外,我是不是还可以去演戏？我说当然可以,于是,他去关注了学校话剧社,还真的去报名了。

同时,我还引导他去看了很多不同类型的文学作品、电影、话剧、展览,我告诉他:"你能迅速地捕捉到文艺作品中最真诚、最强烈的情感,并且通过你的身体和表情表达出来,我觉得你很有感染力,你真的很特别。"

他去做了,并且发现自己的 I 特质越来越绽放,也体会到了自己确实有与众不同的点,就放下了对思考的单一依赖。

自信少年被激活新特质后，发生了什么？

当听到我对他非常真诚的认可后,他非常开心,也更加在乎我对他的看法,他在咨询中走神的时间越来越短。

D 特质里面有一个很重要的特点就是聚焦,当我发现他的 D 特质还没有特别多地呈现出来时,我就在咨询中努力地鼓励他,让他有觉察地去呈现 D 特质。

他在受到我的鼓励之后,生活中的很多行为表现都慢慢有了变化,比如,妈妈说他现在基本上 11 点左右就能上床睡觉了,第二天的脸色状态也会比以前好很多。

做完一段时间咨询以后,这个孩子的心态发生了很大的变化。他说,我现在有时候还是会去敲校长办公室的门,我想跟校长做一个很平静的交流,但是现在我会尊重校长的时间。

大家看到这个孩子,是在乎别人的感受的,在乎别人想要怎样的沟通方式,这是一个很可喜的进步！

他还发现自己有了变化,其实讲自己的情感并不困难,也并不羞耻,所以,他愿意在作文里面写自己的情感。他的作文感染力也比以前好很多了,自然分数也上去了。

觉察自己的各种特质,并为我所用

在咨询中,这个孩子说,他对自己的记忆力不满意,于是我引导他总结哪些方法目前对他来说是有效果的。

他听了我的话之后,真的回去把所有的学习方法盘点了一遍。我和他说,在 DISC 特质里面,第一是要有目标感的,如果一个方法对目标来说没有帮助,甚至是有负面的影响,它就是可以被舍弃掉的,而不管别人是怎么看这个方法的。

他听了之后,把目前自己在用的 2/3 的记忆方法都舍弃掉了,因为没有效果。以前他认为苦学的才是好孩子,现在在 D 特质的影响下,他果断舍弃这种方法。

I 特质的人认为一件事情是可以带着热情去做的,如果一件事情我们觉得枯燥,可能做这件事情的效果就会很差。我就引导他,你怎样背东西才有可能是带着热情的? 他说,用像演戏一样摇头晃脑的那种方式去背东西,但怕父母、老师觉得他不正经。我说,你可以跟他们做一个很真诚的沟通。没想到,其实父母、老师是接受的,这件事情对这个孩子的正向触动非常大。我认为 I 特质的一个重要特点就是愿意跟别人沟通,愿意让别人看到真实的自己,也愿意去看到别人的进步和变化。

这个孩子还用 S 特质来说自己的记忆方法。他说他家里氛围非常和谐的时候,他的记忆效率是非常高的;如果父母冷战、吵架,他的背诵效果是非常差的。他的 S 特质让他意识到自己有对情感和和平的需要,当他把这种需要非常真诚地表达出来的时候,他很意外地收到了父母非常正向的反馈和改变,父母也答应他好好和彼此沟通,给他一个美好的家。

最后,我又引导他看自己的 C 特质,当他用 C 特质去分析他的这种记忆方法时,他去查了很多脑科学的知识。他告诉我,其实死记硬背在脑科学上是有一定的负面效果的,因为大脑喜欢新鲜的东西,而死记硬背是静止的,大脑会昏昏欲睡。

我说可以,那请用你学到的脑科学知识来给你自己设计一套你可以用的记忆方法。他就去买了台湾一个脑科学研究专家洪兰的很多书,来研究脑科学是怎么回事,并真的用脑科学知识设计出来几个适合自己的方法。

他发现,原来 D、I、S、C 的 4 种特质都可以为他所用,同时,什么时候拿出来用,用到什么程度完全由他来决定。

当这个孩子发现自己是有能力来驾驭自己身上的特质的时候,他非常高兴,觉得太棒了。当他发现他是有办法来应对学习中的各种困扰的时候,他就放松了,而一个人放松的时候,他的创造力也出来了。后来,这个孩子在期末考试中的学习成绩有了很大提高,在期末的文艺表演中表现也非常亮眼。他的父母特地过来跟我说,太棒了,孩子的改变让他们对如何理解和包容对方的不同特质也有所反思。

DISC 心理咨询——用圆融的方式满足自我

与此同时,我也持续为他父母做了一些心理咨询。目前,婚姻危机已经解除了,一家人其乐融融,这是一个皆大欢喜的结果。

我想告诉大家,DISC 用在青春期心理咨询上是非常好的,因为它的 4 种特质在我们每个人身上都有。

借由这个案例,我想跟大家分享,假如我们遇到青春期的孩子,我们可以结合 DISC 理论,用流动的思维去看它。即使这个孩子当时做了一些让我们觉得匪夷所思的事情,也请记得一定要关注他背后的动机是什么,以及想一想他这个动机有没有可能去满足。如果我作为他的家长、老师或心理咨询师,我可以用哪些特质、哪些方法来帮助他实现圆融的转变。

青春期的心理健康基础打好了,孩子的前方就是星辰大海,祝福每一个孩子都有自己的璀璨未来。

第二章

超级影响

与其寻求温暖,不如变成灯塔。
与其寻找偶像,不如成为榜样。

——DISC+社群

超级影响

与其寻求温暖,不如变成灯塔。
与其寻找偶像,不如成为榜样。

插图@Anna

《用演讲见证凡人的神性》

作者:猫书(张莹)

从自我设限"你啥也做不成",
到成为演讲教练,
激发并见证许多伙伴登上演讲舞台,
领略生命的美与神奇。

《调用"五感",设计一堂自己的好课》

作者:覃芬芬

设计感:好课程是设计出来的。
方向感:找到你的内容在哪里。
对象感:从听众的需求、痛点出发。
获得感:从听众听明白出发。
代入感:从听众身临其境出发,演绎课程。

《表达与沟通,职场跳跃必杀技》

作者:高文全

因平台小、发展空间小、机会少而迷茫?
表达沟通让我成为500强上市公司的经理,薪资提升20多倍,
成为多领域教练,帮助2000多名职场人士实现突破!
你也一样可以!

《给大学毕业生的职场"打怪升级"指南》

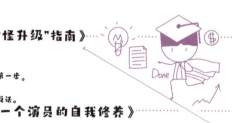

作者:王家健

如何在校招中脱颖而出?
自我介绍,成为"面霸"的第一步。
无领导小组,请这样回应。
岗位专业能力测试,用实力说话。

《一个演员的自我修养》

作者:多米

如何学好演讲的DISC,包括D-愿力,I-借力,S-输入,C-输出。
演讲借力的DISC,包括D-衣着,I-结构,S-金句,C-故事。
演讲结构的DISC,包括D-观点,I-原因,S-案例,C-总结。

猫书（张莹）

DISC+授权讲师班A14毕业生
故事影响力教练

扫码加好友

猫书（张莹）**BESTdisc** 行为特征分析报告　　DISC+社群合集
SC 型

报告日期：2022年02月07日
测评用时：07分55秒（建议用时：8分钟）

BESTdisc曲线

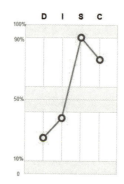
自然状态下的猫书（张莹）

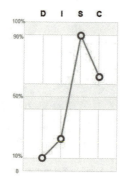
工作场景中的猫书（张莹）

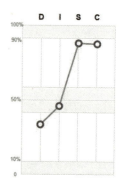
猫书（张莹）在压力下的行为变化

D-Dominance(掌控支配型)　　I-Influence(社交影响型)　　S-Steadiness(稳健支持型)　　C-Compliance(谨慎分析型)

在猫书(张莹)的分析报告中，三张表的图形基本一致，表明他不会刻意隐藏自己的风格，用自己最真实的状态工作和生活。高S特质和高C特质，表明他是一个很好的倾听者，有很强的共情能力，同时善于观察和捕捉细节。被他人认可和帮助他人成长，可以成为他的激励因素。

用演讲见证凡人的神性

"见证凡人的神性",2020年9月,我看到了这句话。那是在广州某酒店的大会议室,中国最贵的演讲教练马徐骏老师在分享《如何成为善于分享的人》时,最后,他提到演讲教练这个职业时,在PPT上打出了这句话。那天,成为我人生的分水岭。

那年春节,疫情最肆虐的时候,陪伴了我40年的父亲,离开了人世。被这句话召唤,我下决心辞去从事了20年的大型国企桥梁工程师的工作,开启我演讲教练的人生。

感谢这本合集,让我有机会回顾自己被众多伟大的演讲者召唤的人生。

"人生不设限"——力克·胡哲

2012年5月的一天,我差点要离开这个世界。在经历了离异等一系列感情纠葛后,我感觉自己的人生真的好失败,我只想了断自己,重新来过,最后被迫留下来,只是因为没法托付年迈的父母和我一屋子看不完的书。那时候,每天看太阳都是灰暗的,心里对自己说得最多的话就是"你啥都做不成"。

万幸,从小酷爱读书的我,看到了国际著名残疾励志演讲大师力克·胡哲的《人生不设限》。力克·胡哲长得就好像一头没有四肢的海豚,唯一可以动弹的肢体就是左脚那个"小鸡腿"。在大家的眼里,他应该是全世界最有资格说自己是废物的人,可是,他在书里教给我一个"启动——人生不设限"的思考方式。与其每天哀叹自己啥都干不成,不如琢磨一下,自己能做什么?尝试把自己能做的事情做完,再坦然地离开这个世界。就好像力克·胡哲一样,摔倒在地上起不来,可以选择呼救、抱怨,甚至谩骂,也可以选择用下巴挪动身体到墙边,用头顶着墙壁,一点一点"站"起来。他就这样自己站起来、刷牙、穿衣服、游泳、跳伞、周游世界……激励别人去探索人生的广度。

对呀,我何不试试看,自己能做什么?一想到这,瞬间感觉世界明亮了,仿佛无数扇大门向我敞开,等待我去探索。

契机很快来了,2014年,母亲犯了精神病。住进精神病院的那天晚上,看着母亲不停地帮我驱赶爬到我身上的"僵尸",我对未来真是万念俱灰。

好不容易,妈妈从精神病院出院,我带她去做膝关节手术和白内障手术。想到做完这些,可以消停了,可手术前,妈妈又对我说:"儿呀,妈妈有几十万的保险贷款,你快卖房帮我还上。"那天下午,我躲到宾馆的一个房间里,号啕大哭,好想死。

这时,一个电话打进来:"猫书,我们读书会需要有人做分享,你看了那么多书,愿意来吗?""何不把我读过的书都分享完,再离开这个世界。"我心里突然冒出这个声音。

2014年12月21日下午,我第一次站到了讲台上,我始终记得投影灯打在我的眼睛上,我无法看清观众。我始终记得自己一声一声尴尬的"呵呵",我始终记得最后在我说出"谢谢大家"后,传来的热烈掌声。当然,还清楚地记得那天早上10点,我出发去会场之前,去看刚从手术麻醉中苏醒的妈妈,鬼使神差地对她说:"妈,下午我去演讲咯。从今天开始,儿子的人生不一样咯!"

那天是我的第 1 场演讲,到 7 年后的 2022 年 3 月,我的线下分享累计已有 530 场。

最后一次演讲——兰迪·波许

时间来到 2017 年,我完成了人生第 100 场线下个人分享会,我开始畅想自己做了一千场分享会,天南海北的伙伴来庆祝。没想到,2017 年 9 月 28 日上午 9 点,父亲翻着白眼,倒在了我面前。

糖尿病并发症、乳酸中毒,我陪父亲在急救室和死神拉锯了 24 小时。其间,我目睹一名吸毒人员就死在我身边,抢救他的时候,人工按压机咚咚咚咚的声音好像木槌在捶击死肉;还有一名痉挛中的孩子,进来就已经状态不好了,从来没有什么时候比那一刻让我感觉离死亡那么近。

好在父亲抢救过来了,当得知 24 小时后就可以出院,我瞪大眼睛,24 小时没合眼,甚至回到家后的几天晚上,我都没敢合眼。经常守到两位老人都睡着了,我凌晨 2 点还独自在饭厅发呆。

"你的分享会要停了吧?每天那么忙,你哪里还有时间准备?"

"在追逐梦想的路上,会遇到墙,那不是阻拦你的,是让你知道,你对墙背后的东西,有多么渴望!"这时,兰迪·波许在最后一次演讲里面的话语在我的脑子里面闪现。

兰迪·波许是美国著名的大学教授,在 3D 动画领域富有建树。2006 年,他 47 岁,被诊断出患有胰腺癌,只有半年生命。他回顾了自己的人生,都是在实现自己的童年梦想,并且帮助更多人利用动画技术看到自己的童年梦想。

在父亲倒下前一个月,我在一个愿景工作坊探索到自己的梦想画面是在一个类似大会堂的讲台上演讲,听到雷鸣般的掌声。在工作坊,老师推荐我们看兰迪·波许的最后一次演讲。

不知道为什么,我特别喜欢这篇演讲,找到演讲稿,自己念了好几遍。或许是在内心深处,我希望自己有一天也像兰迪·波许一样,可以把自己的人生用一个演讲流传于世。

此刻,我在追逐梦想的路上遇到了"墙",我是否该选择放弃,放弃我当时做了140场的分享会。

也许受内心深处对梦想的渴望的驱动,我选择了坚持。每周我仍然出门去分享,在下班为父亲的溃烂伤口换药、处理完屎尿之后,唯一的改变是我每次出门,都要对妈妈说:"我要去改变世界!"其实我心里明白,鬼知道自己能不能改变世界,这个时候,总得骗一下自己,继续扛下去吧。

从那天开始,我用演讲记录我的人生。

我讲《人生航船,得有压舱物》,把自己比作航船,遇到人生风浪,通过一次又一次的分享会,就好像航船维持稳定的压舱物,稳住生命的节奏,不崩溃。

为了更好地锻炼,2018年,我把国际演讲俱乐部开到了南宁,于是除了我的读书会,我有了能够定期展示自己的舞台。

我用《人生不设限》讲述自己探索人生更多的可能性。

我用《我爱水蒸鸡》分享自己和母亲住精神病院的趣事。

我在《山竹台风历险记》演讲中,分享了自己在广州学习时遇上台风,所有交通工具中断,为了给父亲换药,我打了一个滴滴专车,走了900公里,从广州冒着台风回到南宁。

……

在每周演讲的陪伴下,生活开始稳定下来。

"我想上舞台，但是我讲不下去"

时间来到2019年，南宁的国际演讲俱乐部从1家变成2家，新俱乐部的主席来找我说："我们都喜欢你的演讲，做我们俱乐部的导师吧。"

其实，在这之前，我并不喜欢教别人演讲，因为我的演讲方法有点"非主流"。别人写演讲稿，我只写提纲；别人背稿子，我只记画面；别人有华丽的辞藻，我只有朴实的故事。直到有一天，我爱上了教别人演讲。

"演讲教练"是我2017年在广州听到的新名词，在很长一段时间内，我都觉得这个词距离我很遥远。

因为新俱乐部要举办演讲比赛，我帮大家找了一个话剧小剧场，就是那种在聚光灯下、演员看不清观众的舞台。我告诉他们："上一次这样的舞台，你这辈子都不会害怕任何舞台。"

一位女士用微信发来一段视频，附上一句话，"我想上舞台，但是我讲不下去"。视频只有一分钟，说自己做了一个梦，梦到天堂，天堂里什么都有，然后就说不下去了。

经过询问，原来她经历了人生风暴，刚治疗好抑郁症，真正想到过死亡，但是过去的经历不堪回首，她不想在演讲中讲述，却又渴望上舞台，战胜自己对舞台的恐惧。那天，我用了15分钟，围绕她愿意讲的梦，打磨了一篇呼吁大家理解身边的抑郁症患者的演讲。

比赛那天，在聚光灯下，我看见她从原来说话结巴的弱者，仿佛一下子变成生活的斗士。她在舞台上伸出双手，说出："我只想告诉大家，活着真好！"全场起立，为她鼓掌。那一刻，我突然明白了，什么是最好的演讲。最好的演讲可以让演讲者爱上舞台，让观众爱上演讲者。

我想让每个人都可以讲出最好的演讲！我要当演讲教练！

"你是我见过最有灵性的演讲教练,没有之一"

怎么成为一名演讲教练?我不知道。

我只知道,只要我有足够的耐心去聆听,对方无论讲什么内容,都会在我脑中聚合成一篇讲稿。

如果说,我自己演讲是在探索自己的人生,而我当演讲教练之后,每次教练的过程,仿佛让我感觉体验了别人的人生,甚至可以说是欣赏了一段精彩的生命旅程。

通过当演讲教练,我又拓宽了体验人生的广度。

2020年,我开始乐此不疲地教我周围演讲俱乐部的伙伴演讲,几乎每天教1~2人。我教过的演讲者不断拿到俱乐部演讲的最佳奖状,甚至演讲比赛的冠军。

真正让我赚到演讲教练第一桶金的,是在"得到"讲师训练营。当时,有些伙伴的演讲经过老师打磨之后,觉得不是自己的演讲,不愿上场。听说我是演讲教练之后,找我试试。

有一位学员是中国第一个马术俱乐部的创始人——2008年北京奥运会马术项目主任,打磨老师给她的选题是《一个马术俱乐部如何进行资产配置》。我和她在晚上11点长谈,感受到她作为行业创始人和推广者的热情,最后,我问她:"讲一篇《如何向大众推广马术文化》,你愿意吗?"电话那头,我仿佛听见了啜泣声。

为了体验她对马术的热情,我去她的马术俱乐部考察了半天。我和她的员工聊天,才知道原来马术运动有自己的独特体验,运动员和马要互相配合,才能越过高高的障碍,于是,我打磨出一句金句,"人和马的关系,不是人和动物的关系,而是战友和战友的关系。"

那次，我收到了我做演讲教练的第一笔酬劳8000元。

还有一位训练营同学，是北京著名的HR培训师，做过20年的培训师，拿过共青团中央的演讲比赛冠军。她原来的分享是关于HR如何用教练提问提升员工潜能，却总感觉这个主题有局限性。

我注意到她的演讲稿原文有一句话："我注意到一个现象，刚入职的HR特别关注如何打造规章制度，入职10年的HR特别关心如何与人打交道。"于是我提醒她，这里有一个洞见，加入一句话，这篇演讲就可以"出圈"。

加入什么呢？"这背后是你把人当作什么？当作物品，那么自己就好像仓库保管员，关心如何管理；如果你把人当作资源、宝藏，你就会关心如何去挖掘人的潜能。那么，作为从业20年的HR，我今天分享的是如何通过提问挖掘人的潜能。"

瞬间，这篇演讲就"出圈"了。演讲结束之后，这位老师激动地在群里说："猫书是我见过的最有灵性的演讲教练，没有之一！"

用演讲见证凡人的神性

今天是2022年3月19日，明天是桂林TED的发布会，我教的三位演讲者将登台演讲。可是，因为刚刚出现的桂林疫情，我无数次幻想过在现场和他们在"TED"大字前合影，现在都化为泡影。

可是，我会始终为自己在最近几年慢慢成长为一名演讲教练而自豪。在过去的几年里，我曾经见证了孩子夭折的母亲在舞台上找到继续生活的动力；曾经被老公数落、变得自卑的全职妈妈为自己勇敢发声，拿到演讲冠军；曾经因为"后妈"这个身份被压抑的女强人，勇敢为自己过去的努力去宣讲……

我喜欢"见证凡人的神性"这句话。当我们作为演讲教练,帮助客户找到自己故事中发生改变的动力,以最好的状态在舞台上诠释自己的时候,我相信这就是神性迸发的时刻。

最后,我想用《非暴力沟通》的编后记来结尾:"依稀间遥望到梦寐以求的美丽新世界,并且知道,生活永远等待人们以一己之身去领略生命的美和神奇。"

希望,我有幸见证更多的伙伴,通过演讲,让世人领略生命的美和神奇!

覃芬芬

DISC国际双证班第47期毕业生
金融营销人才培养导师
行为风格分析与高效沟通导师
职场效能与财富罗盘教练

扫码加好友

覃芬芬 BESTdisc 行为特征分析报告
CDS 型

DISC+社群合集

报告日期：2022年02月07日
测评用时：05分03秒 (建议用时：8分钟)

BESTdisc曲线

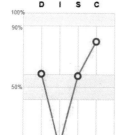

自然状态下的覃芬芬

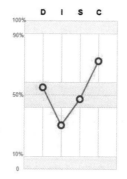

工作场景中的覃芬芬

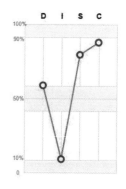

覃芬芬在压力下的行为变化

D-Dominance(掌控支配型)　　I-Influence(社交影响型)　　S-Steadiness(稳健支持型)　　C-Compliance(谨慎分析型)

　　在覃芬芬的分析报告中，三张表里的 C 特质最高，表明她做事认真严谨，善于通过详细的计划达成目标。在工作场景中，她的 D 和 C 特质相对较高，表明她在工作中关注结果的达成和细节、品质。在压力下，C 特质和 S 特质升高，表明有压力时，她会更加注重细节和流程，同时也会更加关注身边人的感受，确保事情有序、稳妥地推进。

调用"五感",设计一堂自己的好课

你浏览公众号、刷抖音、逛 B 站,有没有发现一个现实:这是一个人人可做知识 IP 的时代?

如果你也想抓住这个时代的红利,增加自己的影响力,你同样可以在各个平台输出自己的内容!

如果你说,我也有好内容啊,但我不知道如何去呈现,怎么办?

拥有一堂自己的好课程,不失为一种好的呈现方法。

在知识付费时代,你既可能是那个输出知识产品、获得影响力的人,也可能是付费参加各种学习的人。

你参加不同的培训,学到的知识、观点或者技能,有多少能转化为自己的?有多少在培训结束后为自己所用,提升了自己的能力?学习金字塔告诉我们,不同的学习方式所获得的收益是不一样的。

我们常用的"听讲""阅读""视听"和"演示(示范)"这类方式,老师讲的多于自己做的,称为"被动学习",两星期后还能记得的内容不到一半。"讨论""实践(演练)"和"教授给他人"的方式,自己运用多于讲师讲授,属于"主动学习",两星期后可以记住的内容大于 50%。其中,最有效的方式是"教授给他人",两星期后还可以记住 90% 以上。

你发现没有,无论你是有内容,想去输出,还是学习了他人的内容,想提升自己,"教授给他人"都是非常好的方式。

那如何将自己学到的内容,教授给他人呢?用好"五感",设计出一堂属于你自己的好课,人人都可以做到。

设计感：好课程是设计出来的

课程设计有它的基本步骤，一般包括以下四步：

第一，明确课程方向。问问自己，你想做哪方面的课程？你想分享什么？

第二，做好课程准备。确认哪些工作能帮助你快速形成课程内容，包含几个方面：你的课程讲给谁听？内容有什么不同？有什么吸引人的设计？

第三，制作课程内容。就是将你的内容用课程的方式进行具体的呈现。

第四，演绎你的课程。就是要发挥影响力，用精彩的演绎诠释课程内容。

循着课程设计的步骤，一步步来解析，还有以下"四感"。

方向感：找到你的内容在哪里

你想做哪方面的课程？就是你的"方向感"。

一般来说，要设计成课程的内容，具有以下特征：要么是你擅长的，要么是你感兴趣的。

从擅长的角度来说，要么你在某一个领域有高屋建瓴的见解、想法或者成果，要么就从你的专业着手，去分享你的知识、技能与方法。从感兴趣的角度来说，要么是你感兴趣的内容，比如你的爱好或者副业内容，要么是你帮助别人的方法或流程，比如"疫情在家，如何协调工作与生活"的话题，就很能吸引听众的兴趣。

对象感：从听众的需求、痛点出发，做准备

没有明确受众的课程，就是无源之水、无根之木。没有确定的听众作为输出的对象，所有的内容就没有着力点，也没有办法找到吸引听众的地方。那如何找到"对象感"？有三个问题需要探讨。

第一问，你的课程准备讲给谁听？

要确定好你的听众。对象不同，内容就不同，找到你的听众很重要。只有针对某个群体做输出，内容才会有针对性。

如果你是培训师，或者需要给同事们分享你的经验，那么"新员工需要掌握的八大法宝"这样的内容，对刚入公司的新人来说就很合适，而"我是如何在1个月内拿下10个客户的"这样的内容，就适合和你一样做销售的同事们。

第二问，你的课程有哪些不同？

一方面，成人学习和学校教育存在不同。

学校的老师教知识，不需要你有太多反馈，听老师说，按老师说的做，做好作业，考出成绩就好，所以老师最常用的模型是2W1H，即"是什么-为什么-怎么样"。

成人学习不同于学校教育的地方在于，成人不仅仅以获得知识为目的，更重要的是要学为己用。做成人学习的讲师，最先关注的是：学员的感受好不好？有没有场景能抓住他？如何才能让学员把自己的环境和当前的内容结合起来？

你看，站在学员的角度，关注学员的感受，2W1H的模型就不再适用了，此时，SCQA的模型会更好。SCQA，即"情景-冲突-疑问-回答"：在什么情景下，出现了什么问题，产生了何种疑问，可以用什么方法来解决？

举例来说，在一次总结会上，两个同事吵了起来，他们对项目的结论各执一词，互不相让，还好领导出面，解决了这一问题。如果你设置了这样的情景和冲突，是不是很容易引出你的解决办法？学员也更容易理解你想说

明的观点和内容。

另一方面,我们选取的角度存在不同。

如果你选的课题是全新的课题,那没有问题。但如果是市场上或者其他讲师讲授过的课题,你也开发同一类课程的话,请注意从不同角度着手,让差异带来力量。

这种不同也分为形式的不同和内容的不同。

可以充分发挥你的创意,制造形式上的不同。同样的内容,别人用讲授和研讨的方式,你可以设计成活动或比赛的形式,"新员工需要掌握的八大法宝"是不是比"新员工入职须知"更有吸引力?

也可以用你的专业思维去发掘内容的不同。在同一框架下,"专业化销售流程"让学员知道每个流程的基本内容,也就是清楚相关知识点,而"活用专业化销售流程"能让学员从用的角度去思考专业化流程的作用,是不是内容不同了、实用性更强了?

第三问,如何为你的课程锦上添花?

方法就是,兴趣点早于知识点。何为兴趣点早于知识点?

我们来感受一下,假设你是内训师,需要经常去讲授礼仪类的课程,请问,你从何处开始讲?

很多讲师应该会从"为什么要学礼仪"的讨论开始,但你可以从"礼仪活动""礼仪场景塑造"等能让学员全体参与的活动开始。用游戏或者活动来破冰,让学员有了兴趣,再谈知识,事半功倍。我们可以设置一个场景或者一个剧本,让学员去关注冲突,提出问题,寻求解决的办法。带着场景去聆听,你的内容就容易入耳入心了。

站在学员的角度,让他先有兴趣,然后用你的专业知识拨开迷雾、指点迷津,你的目的也就达到了。

这也是电视、电影常用的表达方式,特别是悬疑电影。月黑风高的夜晚,在某个潮湿阴冷的湖边,发现一具尸体,你不交代后面的剧情,观众都着急呀!

站在课程听众的角度,去营造"对象感",关注他的需求,你就抓住了关键。

总结一下，确定你的听众，明确你的内容讲给谁听；然后在成人学习的不同基础上，去找到课程形式的不同，去发掘内容的不同；最后用活动设计来抓住学员的兴趣，用专业制胜，完成课程的目标。

获得感：从听众听明白出发去制作

课程要有获得感，前提是主题明确、条理清楚、架构清晰。如何做到这几点呢？ 有三个方法可以帮助你。

第一，纵向拎主题。

先为你的主题设置几个层次：

1. 为你的内容设置一个主题，可以是知识、观点，也可以是方法、技能；

2. 针对主题，你想要讲的角度有哪些？选三个最重要的来阐述；

3. 将这三个角度分别设置三小点内容，可以是论点、论据，也可以是知识点、技能点，用来支撑上面的内容。

你看，用一条主题线，串联成一个金字塔结构，你的课程架构就清晰了！

第二，横向找逻辑。

每一版块的内容，如何前后自洽，有一个通用的逻辑可以帮助你。那就是："提出问题 – 分析问题 – 解决问题"。这样，你的内容就有条理了！

第三，做填空题。

为你的内容匹配合适的案例或者故事、活动。

你的课程金字塔就像一座房子，架构和逻辑就是柱子和砖块，想要舒服地入住，必须要做好装修。每一个版块都值得去寻找合适的案例或者匹配的故事、活动，引起学员对版块内容的兴趣，辅助你的观点，为你的课程金字塔增光添彩，让你的课程生动有趣。

课程要有"获得感"，必须内容专业、干货满满、学了就能用！同样有三个方法：

我们可以给思维模型：就像前面提到的2W1H和SCQA,都是不同课程实用的模型。如果你有成熟的模型,可以直接运用;如果没有,也可以通过归纳提炼,总结出属于你自己的课程模型。要么用得好,要么有创新。好的思维模型可以帮助学员迅速地记忆课程内容,更好地运用和转化。

我们可以给独到见解：如果你在某个行业认真从事了5～10年,可以称为业内专家,一定不缺自己的独到见解和可以分享的内容;即使你是行业新人,你也有不同于他人的收获,可以分享和输出。

我们还可以给运用场景：一般来说,做得好就一定讲得好。如果你的内容能加上你亲身经历的场景,会更有说服力,也让你更有底气。或者可以设置与学员密切相关的运用场景,让学员感同身受,即学即用。

总结一下,为了让学员能听明白,首先要纵向拎主题,横向找逻辑,然后匹配合适的案例或者故事、活动；为了让内容更专业,可以给思维模型、给独到见解、给运用场景。

代入感：让听众身临其境，演绎课程

有了好的内容,如何让学员有好的学习感受？课程演绎能力就显得尤为重要了。我们可以从四个方面去实现精彩演绎。

第一,用心准备,不上没有准备的台。

只要是课程输出,都需要充分备课。记住课程的框架和要点,很简单,也很重要。为了让自己记忆深刻,不出现现场卡壳和脑海空白的情况,可以将你的课程框架变成思维导图,图像会让你记忆得更轻松。

第二,调用能量,好讲师都是好演员。

故事和案例需要演绎,才有身临其境的感觉。不管在台下,你是哪种性格、习惯采用什么表达方式,在台上都可以调用更多的演绎感,表达得更生动、更丰富,让互动交流更有趣、更轻松。

第三,巧用停顿、重复和强调。

适当的停顿,能让听众有足够的反应时间,去吸收和消化课程内容;及时的重复和强调,能让关键内容得到更多的关注,让听众印象更深刻。

第四,及时总结,适当鼓励,促进行动。

让学员看到"一切皆有可能",你对自己内容的自信和坚定,能感染学员,让他更加信服你,相信你的内容对他有用。结束的时候,你可以将他拉入你的阵营,比如说:"相信这么优秀的你,运用我的方法,会很快走向卓越!一起加油!"这样的鼓励,能更好地激发学员对内容运用的信心,促使他去使用和转化。

课程设计是每个想要输出知识的人关注的问题。总结一下本文,**将其中的关键技能点送给你:**

第一,好课程是设计出来的,课程要有"设计感"。课程设计包括四个步骤:明确课程方向、做好课程准备、制作课程内容、演绎你的课程。

第二,找到你的内容,课程要有"方向感"。内容要么是你擅长的,要么是你感兴趣的。

第三,从听众的需求或者痛点出发,课程准备要有"对象感"。我们要明白成人学习和学校教育的差异,找到角度和内容的不同,让兴趣点早于知识点。

第四,从听众听明白出发,课程制作要有"获得感"。"获得感"的前提是主题明确、条理清楚、架构清晰,"获得感"的保障是内容专业、干货满满、学了就能用!

第五,从让听众身临其境出发,课程演绎要有"代入感"。用心准备,精彩演绎,用好技巧,不忘总结和鼓励。

方法很重要,去运用更重要。想要增加影响力,成为知识 IP 领域里的一员,不妨运用以上的方法,调用你的"五感":设计感、方向感、对象感、获得感、代入感,让它们成为你的新技能,帮助你输出内容,设计出属于你的好课程。

高文全

DISC国际双证班第76期毕业生
个人成长与团队教练
职业力讲师
绩效改进咨询师

扫码加好友

高文全 BESTdisc 行为特征分析报告
SC 型

DISC+社群合集

报告日期：2022年03月31日
测评用时：10分38秒（建议用时：8分钟）

BESTdisc曲线

自然状态下的高文全

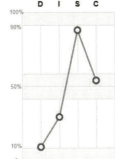

工作场景中的高文全

高文全在压力下的行为变化

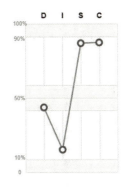

D-Dominance(掌控支配型)　　I-Influence(社交影响型)　　S-Steadiness(稳健支持型)　　C-Compliance(谨慎分析型)

　　在高文全的分析报告中，三个表中的 S 特质较高，表明他是一个很好的倾听者，富有同理心。同时 C 特质也较高，显示出他善于通过制订计划的方式达成目标，并且可以有耐心地坚持完成计划。在压力下，S 特质和 C 特质都比较高，表明遇到压力时，他不会过于武断，相反会更加沉着、冷静地思考。他能以通过收集资料、谨慎分析的方式，确保计划的顺利执行。

表达与沟通，职场跳跃必杀技

你是否因为平台小、发展空间小、机会少而烦恼、迷茫过？其实，大部分职场人都曾这样，我也不例外。好在有梦想的人从来不会轻易放弃，我用八年的时间，坚持在工作之余学习、总结复盘、持续提升突破，最终通过在人才发展培训领域的专业性，以及表达、沟通与汇报能力，不仅从不到200人的公司的经理做到了近5万人的500强上市公司的经理，薪酬实现20多倍的增长，还成了团队绩效、领导力、个人成长与人才发展领域的教练与讲师，累计帮助2000多名职场人突破、成长。

在这个过程中，表达和沟通能力成为我一路突破的绝技。

"翻车"的工作汇报也可以带来"翻盘"

工作汇报只要做好内容PPT就可以了吗？

毕业10年后，我仍然清晰地记得初入职场的第一次工作总结汇报。那一次，我进行了充分的准备，但最终因为表达没有重点、逻辑不是很清晰，不但中途被领导打断、终止汇报，试用期还被延长了一个月。当时，我真想马上找个地缝钻进去,感觉很丢脸,但好在自己不服输,痛定思痛,进行深刻的自我反思总结,于是决定改变,制订了提升计划。

那段时间,白天忙于工作,甚至晚上还要加班,我就通过早晨、晚上以及周末的休息时间来阅读和看视频课程,快速学习表达和工作汇报的技巧。通过晨练朗读和在工作中有意识地应用实践,每天睡觉前写工作日记和反思,当我在一个月后,再次跟部门领导做转正述职报告时,领导眼前一亮,大为好奇我的转变原因。在我把自己一个月如何学习、训练提升讲给他听后,领导频繁点头,用认可和鼓励的眼神看着我。当听到"恭喜你,不仅要给你转正,还会给你申请调薪"时,我顿时热泪盈眶,那一刻感觉自己的努力没有白费,对得起自己。

这次的经历让我深刻体会到,用心去做好每一件事情,用心对待自己,用心去成长,一定会有收获。

职场的第一次工作汇报"翻车",然后快速"翻盘"的经历成为我人生宝贵的财富,我也越发意识到职场表达和汇报能力的重要。很多职场人可以想清楚,但不一定能表达清楚,我特别希望能够帮助更多的职场人提升表达和汇报能力。

于是,我参加了"结构化思维(想清楚、说明白)"讲师认证版权课程,系统学习基于金字塔原理的一套思考、表达的工具,将四个主要原则(结论先行、上下对应、分类清楚、排序逻辑)和两个主要结构方向(横向结构、纵向结构)内化于心、外化于行。

通过在文案构思、工作总结汇报、演讲表达、培训等领域的持续应用实践,个人的思考、表达能力有了很大的提升。不管是工作总结汇报,还是会议即兴表达,都越来越有掌控感、越来越有自信。

经过一年多的结构化思维与表达实践后,我开始在企业内部开展培训。由大学毕业生逐步覆盖到办公室人员和基层管理人员,"结构化思维与表达"这门课成为公司最受欢迎的课程,我本人也有幸开始与一家教育公司合作,为在岗老师进行结构化思维课程培训。

基于人的结构化表达更有力

分享与实践越多,我越发现结构化思维表达工具在应用上存在一些卡点。虽然结构化工具可以让我们的表达更有逻辑、更加清晰,但是仍然会有一些汇报所产生的共鸣或效果不够理想,尤其是当遇到一位脾气特别大,有时不分场合直接批评,喜欢打断,动不动贴标签、评判别人,或者自夸的领导时,一开始会极度不适应,很痛苦。

于是,我开始反思自己的状态以及在结构化表达方面是不是出了状况?当我逐步认识到,"翻车"的汇报和表达大都围绕工具本身,而缺少对人的了解和应用场景研究时,我豁然开朗。

为此,我读了很多关于人性、心理学等方面的书籍,也听过相关方面的培训课程,但仍然感觉很模糊,无法融会贯通,找不到突破点。

然而,一切都是那么的巧合和幸运,念念不忘,必有回响,我有幸遇到了李海峰老师的 DISC 授权讲师班。DISC 课程,帮我重新构建了对人行为风格的认知。

DISC 是一套不需要心理学基础就能快速掌握的识人用人工具,也是基于场景的行为风格理论工具。它告诉我们,每个人身上都有 D、I、S、C 四种特质,只是排列组合和强弱不一样。我开始在工作中不断思考和总结,在同样的场景下,有不同行为风格倾向的汇报对象是不是都适用结构化思维表达技巧。经过实践总结,我发现即使在同样的场景(如工作汇报、项目汇报、述职竞聘、演讲沟通等)下,也需要根据汇报对象行为风格的不同,进行汇报方式的调整,而不是只用一种方式。

学完 DISC 后,我就开始有意识地观察和判断周围的同事和领导常态化的行为风格倾向。有意思的是,我发现我的领导在不同场景下所表现出的行为风格竟然不一样,比如向 CEO 汇报时,很温和,并有耐心,C 特质和

S 特质比较明显；跟团队成员沟通和开会时,会显得强势、没有耐心、喜欢说教和自我表扬,D、C、I 特质就会比较明显。

于是在向他汇报工作时,我会不啰唆、说重点,条理清晰,有理有据,而且一定要有结果或阶段性进展,还要看他当时的心情。如果他心情不好,就简单、直接汇报完,尽快撤,再找时间详细汇报,或征询他的意见是否需要补充；他如果心情不错,也需要照顾他的 D 特质和 I 特质,顺势多称赞和赞美几句,通过请教的方式让他多表达,满足他的表达欲。

因为能够基于领导的行为风格,及时调整沟通、汇报方式,领导对我的信任越来越强,有时候会私下跟我交流很多情况,并开始在部门会议上表扬我,连续两年都为我申请加薪。在合作两年后,正逢公司有上市计划,他还主动向公司为我申请了原始股权、调整了职级。

尽管后来因个人职业发展的考虑,我选择加入一家行业龙头的 500 强企业做人才发展工作,负责管理更大规模的团队,而最终放弃了原始股权激励,但在这个过程中锻炼出来的表达与沟通能力,却始终助力我的职场发展。

新公司的人力资源总监也是典型的 D、C 特质,甚至可以说是把 D、C 特质发挥到了极致。不夸张地说,每次开部门大会,他 10 次有 9 次都要发火,而且他要求每个人的思路都必须跟上他的逻辑,否则就会被批评。他这样的风格,导致每次开会的氛围都很紧张、压抑,需要汇报的人战战兢兢,有的人承受不住压力,选择离开,有的人摸不准他的风格和沟通方式,被贴上"能力不行""小学生"等标签。

对我来说,得益于曾经学习过结构化表达、DISC 课程,有与类似风格的领导成功相处的经历,所以我养成了良好的人力敏感度,结构化思考、表达能力和强大的心理素质,每次开会汇报也能符合他的要求,顺着他的逻辑走。要想得到高 D、高 C 特质领导的认同是非常不容易的,但我做到了。

人生真是没有白走的路,每一步都算数,经历就是财富。

越实践、越体悟、越收获,我深深感受到职场工作汇报中,针对不同行为风格的领导,懂得应用结构化思维表达技巧进行差异化汇报,显得尤为重要。

一个人的 DISC 行为风格代表了他的喜好，根据"照镜子法则"，一个人认为自己优秀的一面，他也喜欢在其他人身上看到，并表达欣赏，每个人都喜欢别人的行为风格跟自己的保持一致。与不同行为风格的人保持一致和良好相处，需要我们有很强的调适力。这样，在不同场景下，和不同行为风格的人相处或交流时，就可以调取自己最匹配的行为风格跟其匹配，用海峰老师经常说的一句话就是："你的调适力有多大，你的影响力就有多大！"

不断应用结构化表达和 DISC，帮我在职场中能更好地应对不同场景和行为风格的人，但免不了受自己心态或观念等因素的影响，偶尔也会出现工作汇报与沟通不理想的情况。在给企业内部员工做演讲和工作汇报辅导时，他们也反映会遇到同样的问题。

这一次，我通过教练技术找到了答案。我先后参加了 DISC 教练包班课、Paul Jeong 博士（唯一同时拥有 ICF 颁发的 MCC 大师级教练和 IAC 颁发的 MMC 大师级教练）的 5R 教练型领导力课程和智遇五维领导力讲师认证课程。

如何将教练技术与演讲、工作汇报结合？Paul 博士的教练九宫格和陈序老师的领导力教练之道给了我很大的启发。我逐渐在工作中将教练技术、DISC 行为风格与结构化思维进行应用结合，为企业员工提供教练式辅导支持。

每次写工作汇报时，我会围绕目标、现状、价值、选择等维度进行一次自我教练对话，甚至会以终为始，提前准备半年后的工作汇报内容。

在给企业员工做辅导时，我也会结合教练技术给他们支持。先从汇报的目标是什么、想要拿到什么结果开始，帮助他们理清楚自己真正想要实现的目标，并反复思考合理性和可行性。同时，帮助他们理清楚汇报对象是什么倾向的行为风格，以及汇报准备现状是怎样的（比如汇报的内容材料是否足够支撑目标和想要拿到的结果，你的 DISC 行为风格与对方的行为风格是否匹配等），然后再根据每个人的实际情况进行一系列内容结构的梳理，并聚焦接下来的行动，帮助拿到想要的结果。被辅导的企业员工也都实现了预期的目标，包括绩效、加薪、职级甚至是职位晋升等。

回想职场走过的第一个 10 年，感谢不安于现状、不轻易放弃和持续学习成长的自己，为自己提交了满意的答卷，成为三门经典版权课程（结构化思维与表达、DISC 行为风格场景化应用、教练型领导力）认证讲师、ISPI 国际绩效改进师、国家人力资源管理师。

通过积累企业员工辅导支持经验，今天的我已实现将教练技术、DISC 行为风格与结构化思维表达进行结合，从而给企业员工提供沟通表达、工作汇报、个人成长、团队绩效、领导力等领域的教练辅导，从员工的思维、行为风格与表达、行动资源多维度进行支持和陪伴员工成长。

未来 10 年，我立志通过培训与教练影响和帮助更多人，让大家都能成长为自己想成为的优秀的自己。如果你在职场沟通表达、工作汇报以及个人成长、团队绩效、领导力等领域需要支持，欢迎联系我，加我微信（dengtajiaolian）或在智遇教练店铺留言，期待与你的相遇，期待一起遇见那个更优秀的你。

王家健

DISC国际双证班第68期毕业生
联合利华资深培训师
AACTP国际注册培训管理师

扫码加好友

王家健 BESTdisc 行为特征分析报告
I 型

DISC+社群合集

报告日期：2022年03月31日
测评用时：03分59秒（建议用时：8分钟）

BESTdisc曲线

自然状态下的王家健

工作场景中的王家健

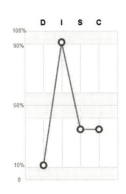

王家健在压力下的行为变化

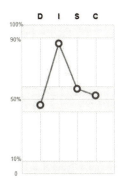

D-Dominance(掌控支配型)　　I-Influence(社交影响型)　　S-Steadiness(稳健支持型)　　C-Compliance(谨慎分析型)

　　在王家健的分析报告中，三张表里的 I 特质最高，表明他擅长沟通，善于通过表达的方式影响他人。同时，他可能拥有广泛的兴趣爱好，喜欢探索未知的领域。和工作场景相比，他在压力下的 D、S、C 特质均有所提高，表明在压力下，在保持影响力优势的前提下，他会更聚焦结果的达成，同时关注他人的感受，并提高对细节品质的要求。

给大学毕业生的职场"打怪升级"指南

从一个最普通的大学毕业生,通过 5 年职场生涯的"打怪升级",我成为世界 500 强公司最年轻的资深培训师。

如果把职场的发展比作打游戏,那我的初始账号可能再普通不过了:在四线小镇出生长大,没有见过大城市的繁华;普通家庭出身,没有过硬的人脉和背景;普通大学毕业,没有 211、985 的光环;不是学霸,没有天才的头脑;不是盛世美颜,甚至说话还大舌头;在大学毕业前,身边的亲戚朋友都在为我能否找到工作而发愁。

而现在,我是世界 500 强公司联合利华的资深培训师、DISC 认证讲师、顾问,AACTP 国际注册培训师、培训管理师、行动学习促动师和复盘教练,美国柯氏四级认证评估师,英国东尼博赞认证思维导图管理师、中级讲师,EI 情商领导力认证讲师,获得微软 MOS—2019 大师级认证,普通话一级乙等认证,是畅销书《出众力:教你如何摆脱平庸》的作者之一,在一线城市买了房、落了户。

和你说这些,并不是为了炫耀,毕竟比起那些真正的成功人士,我取得的成绩微不足道。我只是想说明,如果你在职场的起点落后,那就立志要在终点找齐。我想通过我的经历、故事、方法,给你一些启发,让我们共同成长。今天,我想给即将毕业的大学生支支招。

在过去的工作经历当中,我由于经常会对接一些校招宣讲、面试设计和大学生入职培训项目,所以多次受邀和大学生们进行交流分享,也有很多同学向我咨询。其中最常见的问题就是,我读的大学不是 211、985,或者我不是什么学生会主席、团支部书记，也不是什么班干部，那我怎么能在茫茫人海中，在校招环节里脱颖而出，而不至于成为一个毕业即失业的人？

在此，我和大家分享一下，这些年我的心得和体会，告诉你一些面试官不会说的秘密。

如何在校招中脱颖而出？

一套正装是凸显你专业的最好个人品牌。大家在面试之前，一定要给自己挑选一套合身的商务正装，建议每一位同学都要去线下商场亲自试穿。如果发现商场的服装都没有完全合身的，建议大家可以找一些服装定制。虽然价格可能会比直接买成品贵一点，但当你有了一套好的商务正装，不管是去面试，还是未来在商务场合，都会用得到，这个投资是非常有必要的。

简历人人有，我凭什么看你的？

对于大学生来讲，简历也是必不可少的。一份优质的简历，可以为你加分不少。关于简历的写法，相信大家在网络上都可以找到相关的信息。

在这里，我想提一些大家不会注意的点，那就是你的简历是不是够"硬"。如果你的简历是纸质版，请不要吝惜你的打印费，用比较贵的铜版纸，让你的简历质感与众不同；或者把 A4 纸过塑，这样既防尘，又防水，显得独一无二。

你可以想象一下这个场景，当面试官看到无数同学投过来的简历，其中有一张并不是普通的 A4 纸，而是质地较厚的铜版纸，这样一份简历很难不被发现，因此就会多看几眼，留下很深的印象。

自我介绍，成为"面霸"的第一步

除了表面功夫做足，最重要的还是面试环节。

首先，大家一定要准备一个1分钟的自我介绍，这个放之四海而适用。

准备的内容除了你的名字、你的年龄、毕业学校这样的基本信息之外，也要将你在简历里面写的大学期间的活动经历放在自我介绍中。

你可能会说："我的简历里都写了，还有必要再说一遍吗？"在这里，我可以负责地说，面试官不一定会仔细看你的简历；就算仔细看了，也不一定记得住；就算记得住，也不一定知道哪个是重点。所以，不如你自己把最重要的经历讲出来。

后面的环节，面试官也会围绕你最重要的经历来问你相关的问题。比如，在这个经历中，你承担的职责？遇到哪些困难？自己是怎么克服的？当然也有可能问些别的问题，但是如果有个机会，引导面试官问你最擅长的、准备最充分的问题，是不是就更加万无一失了？

无领导小组讨论，请这样回应

在这个部分，我们聊聊无领导小组讨论。

简单来说，就是一群人在考官的注视下，讨论一个问题，比如"一群不同身份的人落水了，先救谁，后救谁"？所有面试者将会进行限时讨论，最后选出一个组长,进行结论陈述。随后,面试官根据大家的表现,逐个提问并记录。那么,面对面试官最后的常见提问,要如何作答,才能留下一个好印象呢?

比如,面试官可能会问你,你觉得在这次无领导小组的讨论当中,谁的表现最好,谁的表现最差?

这里分为两种情况,如果你不是该小组最终发言的组长,建议你说,"本场比赛表现最好的,是我们选出来的组长,原因是组长用这么短的时间组织大家,并且代表大家发言,汇总大家的信息,是一件非常不容易的事情。他为我们的团队付出最多,所以他应该是全场最佳"。

如果你是无领导小组的组长,除非你表现得无与伦比,否则不建议说自己表现得最好,这样会给面试官一种过于傲气、不近人情、情商有待提高的感觉。你可以挑选一个发言最多的同学,作为表现最好的人。你给出的理由是"这位同学的发言最多,对我们团队的贡献最大,他的精彩陈述,让我们的最终呈现有了更多的事实依据"。那谁的表现最差呢?可以选相对不那么活跃的同学,这时的理由可以是"由于这位同学并没有完全表达出他的观点,所以在参与度上,相对于其他人而言比较低,对团队的贡献小一点"。

同时,在这个环节,很多面试官会根据同学们的表现,来问大家,你认为自己的优点是什么,缺点是什么?

对于这样的问题,请大家也要精心准备一下。我给大家的建议是,你所有的优点要和这家面试企业的核心价值观尽量接近。比如,这家企业的价值观是追求卓越,那你可以说自己的优点就是积极进取、行动力强,并且对于你所有的优点,一定要有具体的案例。

而对于你的缺点,有两个说法。第一个就是当你的优点放大到极致时,它会产生的负面作用。比如说,你的优点是行动力强,那你也可以说,行动力强可能也是一个缺点,因为当你的行动力过强、对结果过于专注时,可能会给别人带来不近人情的印象。第二个说法是,你的缺点一定是后天可以弥补的知识技能。比如,我觉得自己的缺点是,对职场的人际交往没有经验,所以在完成"校园人"向"职场人"过渡的阶段,可能还会有点迷茫,不过我相信通过向公司前辈学习,我会很快融入公司。

岗位专业能力测试,用实力说话

通常走到岗位专业能力测试,你对你应聘的岗位专业会有一定的认知。这里给大家举一个岗位招聘人数最多、专业门槛最低、在精心准备后最容易脱颖而出的岗位——销售。

如果你面试的是销售岗,一定会进行一个环节,就是现场模拟销售的场景。通常,面试官为了贴近各位同学的生活,会选择模拟在超市里进行销售的场景。就是让你模拟超市导购,进行销售,销售的东西一般是面试场合里常见的,比如中性笔、杯子、订书器。在这里,我和大家分享一个销售模拟的万能模板FABE。

F代表特征(features):产品的特质、特性等最基本的功能,以及它是如何满足我们的各种需要的。

A代表由特征所产生的优点(advantages)。

B代表优点能带给顾客的利益(benefits),即商品的优势带给顾客的好处。

E代表证据(evidence),就是如何证明,包括技术报告、顾客来信、报刊文章、照片、示范等。

与此同时,请大家一定要记住,校招的模拟销售里最重要的一前一后两个关键点。前面一定要能吸引面试官,要有自信、有气势,这个环节如果允许,一定要站起来做模拟,它带给你的自信和气场,都是十分强大的。在最后,一定要记得成交,要把东西卖出去,比如,问封闭式的问题:您是要一件,还是要两件？那我把这一件装在您的购物车里吧！

给大家举一个我在现场销售中性笔的例子：

我："请问我可以站起来模拟吗？这样说话比较提气。"

面试官："可以的，没问题。"

我："来看一下最新上市的中性笔，上市福利，欢迎选购（声音很大，让面试官感受到自信与气场）！"

（如果你不能吸引面试官的目光，碰到严格的，他会选择不理你，等你过去搭讪，所以大声吆喝，一般面试官就会顺着你的节奏，来主动搭话）

面试官："你这是在卖什么？吆喝声音这么大！"

我："美女，您好！这是我们公司的最新产品——中性笔。像您带着小朋友，小朋友上小学了吧？平时是不是也会用到中性笔（反正是模拟，为了创造面试官的需求点，直接假设她带着小朋友）。"

面试官："是啊，平时写作业啥的都用（反正我都说了，面试官就顺着我的话说下去，达到了目的）。"

我："那这款产品可太适合您了。这款产品首先采用的是速干配方（F），这样的话，小朋友写字之后，即使手部不小心碰到，也不会弄脏卷子，更不会弄脏手（A）。不但考试时，不用担心把卷子弄脏，丢了分数，还不会沾到手上，对小朋友的健康也是一种保障（B）。您看，我们这里还有专业鉴定的速干证书（E，自己假设的有证书，有没有我哪知道，反正都是模拟，最后必须得有一个证书），而且这款产品采用国内先进的走珠技术，书写起来特别流畅。刚才过去的那位，和您一样，有个上小学的宝宝，一下子买了2盒，开心得不得了（告诉她成交案例，无论卖啥，刚才都有人买了两盒）。"

面试官："但是，我觉得还是太贵（面试官看我颇有心机，想难为一下我）。"

我："是的（不要否定客户），我们的价格可能单支是比较贵，但是这一支的墨水量比三支普通中性笔的还要多，您这是贵买便宜用。而且，今天还做活动，买一盒送一支，买两盒送一盒，您看您是拿一盒，还是两盒？我帮您放到购物车里。"

面试官:"那我先拿两盒吧。"

(结束)

看到全部的内容,是不是感觉自古多情留不住,从来套路得人心?校招的面试更注重的是逻辑思维、总结归纳、表达呈现这些素质层面的东西,而这些核心素质,其实可以通过精心准备和设计,得到更好的展示。

校招面试只是第一课,未来还需要我们更多地去探索。欢迎各位学弟学妹,跟着我一起,在职场"打怪升级"的道路上不断前进、前进、前进进!

多米

DISC+授权讲师班A14毕业生
当众表现力教练
BNI代言人
资产安全顾问

扫码加好友

多米 BESTdisc 行为特征分析报告
CIS 型

DISC+社群合集

报告日期：2022年02月11日
测评用时：15分12秒（建议用时：8分钟）

BESTdisc曲线

自然状态下的多米

工作场景中的多米

多米在压力下的行为变化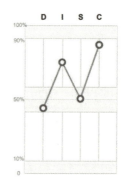

D-Dominance(掌控支配型)　I-Influence(社交影响型)　S-Steadiness(稳健支持型)　C-Compliance(谨慎分析型)

  在多米的分析报告中，三张表里的 C 特质最高，第二高的是 I 特质，表明他在做事方面，关注细节和流程，对自我的要求较高。同时，与人沟通时，他善于表达。和工作场景相比，在压力下，C、I、D 特质均升高，表明在压力下，多米会调用更多的能力，更加关注细节，做事更加积极主动，同时更加聚焦目标和结果的达成。

跳跃成长：不断突破自我

一个演员的自我修养

前天晚上11:30,我正准备睡觉,突然收到老婆的一条微信,"今天没来得及回你,因为我撞车了"。我急急忙忙翻出一个维修服务商的联系方式,打算发送给她,可当食指悬在"发送"按键上方时,我突然想起了15年前的一件事。

那年的一个深夜,当时的女朋友(现在的太太)打电话给我,带着哽咽地说:"我们公司的仓库烧了。"我连忙安慰她:"损失严重吗?买保险了吗?……"聊了5分钟之后,我又问:"哎,你没事吧?"电话那头的她突然不吭声了,足足10秒钟过后,她吼道:"你终于想起我了啊!"

想起这件事,我发了一句话:"你人没事吧?"

听了这个故事,我想大家应该对我有了一点了解,"哦,你就是DISC中的C特质突出的人,关注事多,关注人少"。是的,我是多米,一名当众表现力教练,别看我近两年先后在大湾区的演讲大赛中获得亚军和冠军,但我以前完全是另外一个样子。我从小不爱说话,用我妈的话说就是"八棍子打不出一句话来",当众讲话更是我的"死穴",只关注事,不关注人,人缘自然也不好。

三年前,发生了一件事情,促使我下决心去改变。有一次,我去取证件照,打开一看,吓了一跳,"咦,这谁啊?怎么像通缉犯一样凶神恶煞的"?仔细一看,原来就是自己。连自己都讨厌的人,别人又怎么会喜欢呢?那一刻,我告诉自己,必须得改变。

为了学会笑,我咬着筷子、对着镜子,抓紧一切机会练习。有一次,遇到红灯,我的车窗是开着的,我正对着后视镜咧着嘴笑,旁边的车窗突然摇下来了,那个司机一脸惊愕地看着我,好像在看一个神经病。但也正是因为这样不断的努力,我成了一名当众表现力教练。

何谓演讲?

回首这3年,我感觉自己的演讲之路,就像是一部《演员的自我修养》。在书里,演员被分为两大流派,一种是走心派——讲究心流体验,一种是走脑派——讲究演技套路。

对于演讲,该书的作者更推崇走心,我则更建议你走脑,毕竟心流这玩意儿可不是一般人能玩的,普罗大众能玩的只有走脑。就和练字一样,刚开始是临帖,依葫芦画瓢,然后慢慢形成自己的风格,就可以"出帖"。走脑走多了,自然也可以过渡到走心。"演技"是一种技术,"套路"是一种路数,就算是大多数不善言辞的理工科"直男",都可以用SOP(标准操作程序)来掌握一套可复制的演讲技术。

演讲其实就是一种当众表现——表达+变现,形式是表达,目标则是变现。有的人说,我没想着赚钱,我只是想着我能够当着许多人说话不哆嗦。其实,无论是在职场上,你想说服老板给你提供资源,或者是在日常生活中,让朋友、家人接受你的想法,最终你都想得到一个结果——在职场中是钱、物,在生活中则是一段关系,都是变现。

因此,演讲力 = 当众表现力,也就是"通过当众表达来变现的能力"。

DISC 演讲，四招破千军

要想提高演讲力，最实用的套路就是利用 DISC 理论。DISC 强调"凡事都有 4 种解决方案"，运用在演讲中，就是"四招破千军"。

DISC 在当众表现力中，分别包含如下意思：D——愿力、I——借力、S——输入、C——输出。

D——愿力

一个人的能力有限，但愿力无穷，做事情有没有内驱力，差异巨大。当你真想做一件事情的时候，你会有 1 万种想法；当你不想做的时候，你会有 1 万个借口。

有这样一个故事，有个爸爸酗酒，经常打骂膝下的一对双胞胎儿子。这对双胞胎长大以后，大的成了当地首富，小的则一事无成。非常有意思的是，别人问起缘由，他们居然说了同样一句话："我老爸这样子，我还能怎么样？"——但背后的潜台词则完全相反——一个是"我得努力"，一个是"我要放弃"。

你可能有这种体会，一踏入社会，你就立马发现嘴巴不好使了，本来表达好了就会发生一个故事，可最终由于表达不好而变成了一场事故。

无论在生活或职场上，但凡有人的地方，都有你发挥当众表现力的地方，所以，股神巴菲特说："要学会演讲，这是一项可以持续使用五六十年的资产，如果你不喜欢演讲，就要承受五六十年的损失。"你认同吗？

讲到底，愿力就是态度，态度决定一切。

1——借力

俗话说,"借力、使力不费力"。能借力的地方,也刚好是 4 点:衣着、结构、金句、故事。

 衣着

你可能会感到很奇怪,演讲为什么第一点要说衣着?

在回答这个问题之前,我想请问你,演讲是从什么时候开始的?许多人以为是从开口的第 1 个字开始的。No(不),其实从你见到观众的第 1 秒就已经开始了。

很多人会忽略这一点,但事实是往往在开始的第 1 秒就决定了最后的结果。人与人的交往从言辞开始,服装就是最好的言辞。

一个人的外在形象可以大大加分或大大减分,它是一种无声的语言。我喜欢去参加培训,在我的观察中,99% 参加培训的人穿着都很随意,此时,如果你穿着得体而又稍微高出一个档次,你的第一印象分在无形中就拿到了。

比如,穿定制西服的人,你会高看一眼。为什么呢?因为这可能说明他是一个非常自律的人。

第一,他有很大的承受力。想象一下,在三伏天的时候,穿短袖都会汗流不止,穿一套西服得有多大的承受能力?

第二,他能够管理自己的身材。身材管理绝对是一个漫长而艰苦的过程,不是一蹴而就、一劳永逸的。因此,一个能管理好自己身材的人,一定是一个有毅力的人,而有毅力的人一定是能成事的人。

第三,他能够管理好自己的体态。穿 T 恤的人可以随便"葛优瘫",但是穿定制西服的人一定会注意自己的坐姿和体态,给人呈现的一定是最佳状态。见到这样的人,谁看了不喜欢呢?

佛靠金装,人靠衣装。形象永远走在能力前面,你越早懂得这一点,你就越早有收获。

 结构

结构的作用被大大低估,如果只留下一条演讲建议的话,我会只留下这一条;而在所有的结构中,有一个结构的作用被大大低估,如果只留下一个的话,我会只留下这一个——总、分、总。

总分总这个结构,可以应用于80%以上的演讲情景。尽管我们很小就开始学习它,但在现实生活中,却只有不到3%的人会使用。大多数人在当众说话时,要么缺少骨架的支撑,干巴巴地讲不了1分钟;要么就是由于没有结构的指引,说话不着边际。

实际上,可以帮我们快速组织发言内容的结构有很多。比如在聚会发言时,就可以用"赶(感)过猪(祝)"的结构,即先是感谢,接着聊聊过去发生的事件,最后祝福;而在工作汇报中,就可以使用黄金圈结构,即what(是什么)+why(为什么)+how(怎么样)。采用"凤头、猪肚、豹尾"的总分总结构,即兴演讲可以信手拈来。

而在中间的"分",则可以使用"黄金三点式"法则,就是分成3点来展开,因为2点显得单薄,超过3点就显得啰唆。有一次,我去看望一个朋友,临走告别时,我看见她的手心里写着字,与她身上的华服格格不入,我很好奇她写了什么。她开始还不好意思,"哎呀,给你发现了",后来摊开手一看,写着"观音按揭",她解释,"这不是你老让我记住的吗?我怕忘了,就每天写在手上提醒自己"。所谓"观音按揭",就是观点-原因-案例-结论,它既是一个总(观点)、分(原因与案例)、总(结论)的结构,也是个DISC结构。

 金句

说一句顶一万句,说的就是金句,杠杆率达到10000倍,借力的效果杠杠的。股神巴菲特说过："如果你不会表达,那么就好像你在一片漆黑中,向你的女神抛媚眼,完全没用,你有再多的智慧和魅力,别人也看不见,因为,你无法传播出去!"

相反,当你掌握了当众表达的技能,如英国著名前首相丘吉尔所说,"你能面对多少人讲话,你就会有多大成就"。借名人的口说名言,演讲的重要性一下子就会提升。金句还可以是成语、诗歌,都是借前人的智慧,站在巨人的肩膀上,让你的表达如虎添翼。

故事

最近大国角力,国际形势波谲云诡,网友早已吵得不可开交。如何对敏感话题发表评论,《战国策》里有许多好故事可以借鉴。

比如,我们可以讲鲁班差点"阴沟里翻船",成了刽子手帮凶的故事。春秋战国时,楚国为了去攻打宋国,命令鲁班去造前无古人的云梯。墨子听到此事,不远万里去见鲁班,一见面就提出了"请他去杀一个人"的请求,鲁班当即拒绝:"我是讲道义的,决不杀人。"墨子听后就挑明:"您帮楚国造云梯来攻打宋国,这分明是不杀少数人而杀多数人呀!请问您攻打宋国是出于什么道义呢?宋国有什么罪?"这一下,墨子便彻底说服了鲁班,并请鲁班为自己引荐楚王。

墨子见到楚王,并没有直接谈造云梯攻打宋国的事,而是问楚王:"有一个人,有彩车不坐,却想去偷邻居家的破车;放着自己的华服不穿,却想去偷邻居的粗布短衫……这是个什么样的人呢?"楚王立即回答说:"这个人一定有盗窃癖。"墨子接着举例:"楚国土地纵横五千里,而宋国不过才五百里,如同彩车比破车;楚国物产丰饶,宋国野鸡、兔子、鲫鱼都不产,如同美食比糟糠……大王去攻打宋国,这也与有盗窃癖差不多啊。"楚王听后马上表态:"善哉!请无攻宋。"

说完这个故事,再加上一句"如有雷同,纯属巧合",就完美了。

S——输入

学习 = 学 + 习,"学"是输入,提升演讲力,我们需要不断通过网络、人、书、课,来丰富我们的"武器"库,增加对结构、金句和故事的积累。

搜文章,通过网络(比如百度、微信搜一搜、虫部落等)搜索各种文章,了解经典演讲结构,反思自身的不足,有针对性地积累不同领域的知识。

找"牛人",经常与演讲高手切磋过招,不断取长补短,在交流中掌握更多的演讲技巧。

寻经典,在广泛阅读的过程中,储备名言警句、金句和案例故事,形成素材库,再内化成自己的知识体系。

听好课,看《星空演讲》《奇葩说》,听大咖演讲,向有成就的人学习,不仅能加快学习提升的速度,还能站在巨人的肩膀上实现弯道超车。

C——输出

学习 = 学 + 习,"学"是输入,"习"是输出。输入与输出配合,才能真正学到本事。

"你懂得许多道理,却依然过不好这一生。"许多人听过两天课程,看过十本与演讲相关的书,却从来没有登上过舞台。在走上舞台的那一刻,依然会感受到脑子空白,双脚颤抖,掌心冒汗,半天说不出一句话。

电视剧里有个"许三多",而在演讲台上,我见过不少"许三抖"——手抖、脚抖、音抖。下来后,他们对我说,除了"三抖",还有心抖,我说:"还有心不抖的吗?心不抖的都上西天去了。"

造成这种现象的原因是许多人把技能当成知识来学。我们生活在知识付费的时代,缺什么都可以去学,但也有很多人被自己热爱学习的假象所迷惑。

买书学习或者买课程学习,学的是知识,只要我们去理解、记忆,就能掌握；而技能是那些"你以为你知道，但是如果你没有做过的话，就永远不会真知道的事情"。也就是说，技能讲究的是熟练度，熟能生巧，量变才能形成质变，比如骑单车、开汽车、游泳、打麻将，都需要大量的练习，才能够习得。

演讲也是一种技能，因此必须要找机会练习，否则只能是纸上谈兵。练习演讲的最好平台就是"演讲俱乐部"，我在2019年4月第一次系统学习演讲，当时参加了一个为时2天的演讲工作坊，学了不少套路，但苦于没有练习的平台，大概过了半年，看朋友圈才知道有演讲俱乐部，于是连现场考察都没去，马上交钱加入了。

真正到现场参加活动，我发现来对了，每周有1次上台的机会，一年至少有50次。一回生，两回熟，舞台恐惧症也就克服了。没有舞台经验的人，对演讲时间的把控是完全没有概念的，比如2分钟的发言，他们要么"茶壶里煮饺子"，倒不出几句，要么叽里呱啦刹不住车；而有经验的人不仅能够知道大概的时间进度，也会有意识地把2分钟切割成1:8:1三块来安排演讲内容，这种经验对于缺少演练的人来说，再看100本书都无法获得。

以输出来倒逼输入，多上台、多练习，自然就会有效果。

综上，我们今天一共分享了3个DISC模型：

关于如何学好演讲的DISC，包括D——愿力、I——借力、S——输入、C——输出。

关于演讲借力的DISC，包括D——衣着、I——结构、S——金句、C——故事。

关于演讲结构的DISC，包括D——观点、I——原因、S——案例、C——结论。

生活本身就是一个大舞台，我们都是演员，饰演的角色就是自己。学习《演员的自我修养》，我们并不是要贪恋演讲舞台上的镁光灯，而是要带着在演讲舞台上修炼的技能，回归到日常生活的舞台上，扮演好自己。

第三章

创富加速

> 人生最遗憾的不是做不到,而是我本可以。
> 一起当个有钱人,做个有情人。
> ——DISC+社群

创富加速

插画@Anna

人生最遗憾的不是做不到，而是我本可以；
一起当个有钱人，做个有情人。

《构建企业100%增长的两大底层逻辑》
作者：苏禾

怎么做才能确保企业营收持续增长？
除客户数、交易金额与交易频次外，
更为核心的内容——营销计划
营销计划十二步
成交五步方程式（AITDA）

《副业变现，你的兴趣价值百万》
作者：莫诺维（Monowi）

从四个维度挖掘你的兴趣。
从六个维度让兴趣持续变现。
跨界组合，找到自己的爱好，做你所爱。

《让教育插上思维的翅膀》
作者：屈丽艳

一个因"害怕"而一直在披荆斩棘、
开疆辟土的教培创业者的故事。

《一个包租婆的自白》
作者：黄全

如果你想了解财商，
请一定要先阅读这篇文章，
清楚Why，了解what。

《我的十年故事》
作者：天使姐姐

一位来自公益世家的天使姐姐，
十年来通过学习不断发展公益事业的
感人故事。

《遇见DISC，遇见更好的自己》
作者：蔡洪峰（阿蔡老师）

顺风顺水，遭遇危机。
垂头丧气，人生低谷。
遇见贵人，事业转机。
中年创业，一路逆袭。

苏禾

DISC国际双证班第67期毕业生
企业增长顾问
CMC国际注册管理咨询师
"漏斗黑客"创始人

扫码加好友

苏禾 BESTdisc 行为特征分析报告

DS 型

DISC+社群合集

报告日期：2022年04月01日
测评用时：06分30秒（建议用时：8分钟）

BESTdisc曲线

自然状态下的苏禾

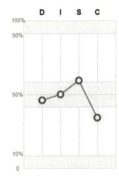

工作场景中的苏禾

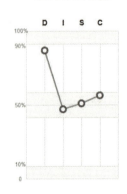

苏禾在压力下的行为变化

D-Dominance(掌控支配型)　　I-Influence(社交影响型)　　S-Steadiness(稳健支持型)　　C-Compliance(谨慎分析型)

　　在苏禾的分析报告中，在工作场景中，她的 S 特质较高，C 特质较低，表明她在工作中会更加关注他人的感受和需求，同时不会过于苛责他人。在压力下，D 特质明显提升，呈现出在压力下，她会加快自己的速度，更加关注目标和结果。同时 C 特质提升，表明压力下的她会更加关注细节和流程，通过分析数据和制订计划的方式，确保目标的达成。

构建企业100%增长的两大底层逻辑

2个月能做成什么？够我帮助一家门店实现业绩同比增长40%。也许听起来不可置信，但这的确就是由我操盘的真实案例。

2020年2月一个普通的午后，在一位老板的茶台旁，我的一句话对他而言起到了醍醐灌顶的作用。于是，就有了接下来的2个月内业绩同比增长40%的奇迹。

如果你正在寻找或想摆脱业绩增长的瓶颈，获得低成本、爆发式企业营收增长的方法，那么恭喜你，本篇文章中就有你梦寐以求的重要信息。

底层逻辑

我将分享如何获得低成本、爆发式业绩增长的底层逻辑，为企业带来更多的利润，老板们再也不会每到发工资时就头疼，企业将进入良性经营的自循环轨道。

在开始之前，先和大家讲讲，我成为一名企业增长顾问的经历。

2016—2017年，我参加创业者访谈、企业家论坛、专家分享活动不下

100场,转机就发生在其中一场项目融资路演上。

路演在下午进行,创业项目(文旅)和专业投资人针对创业项目展开了一场激烈讨论。一方是精心筛选的项目方,一方是特邀嘉宾,我眼看着一个有使命、有愿景的创业者的心血作品被对方批评得一无是处,就在那一刻,我内心萌生出一个强烈的想法——帮助创业者实现梦想!

彼时的我心有余而力不足,只能积极投身于自我进阶计划中,进入企业管理咨询行业历练自己。在不断的努力下,我取得了成绩,帮助上百家企业实现了显著的业绩增长。

现在,我致力于为中小微企业、个体创业者的营收提升提供咨询服务,帮助企业从营销端入手,实现低成本的营收增长目标。

先给出两个在咨询中100%有效的锦囊妙计,我将DISC分析融入其中,使用者根据团队成员不同的人格特质,按需使用即可。

- **布局谋划**环节,需要发挥成员的I特质,用感染力和影响力激发团队成员畅所欲言,贡献各自的智慧。

- **方案呈现**环节,S特质的人温柔细腻,需要把研讨得天花乱坠的内容,脚踏实地地呈现在文档里。

- **推动执行**环节,D特质的人擅长大展拳脚,带着团队像军队一般执行,拿到成绩一定是干的结果。

- **数据分析**环节,C特质的人的主场,抽丝剥茧地发现数据中波动的异常,结合目标设定,提供建议,所以不用担心锦囊妙计的适用性,使用者要做的就是掌握团队里成员的特质,做到知人善用。

总结上百个咨询案例,会发现很多企业在经营中都存在随机性、临时性、不可控性,即没有营销计划,就算有营销计划,拿出来的资料也基本不具备实际参考价值。

在这样的情况下,怎么做才能确保企业营收保持持续增长呢?今天不谈影响营业额的客户数、交易金额和交易频次这三个基本因素,而谈谈更为核心的内容——营销计划。

企业经营如同带兵打仗，上兵伐谋，其次伐交，其次伐兵，其下攻城，攻城之法为不得已。若想不战而屈人之兵，核心战略就是制订优秀的营销计划。

一份好的营销计划应该具备十二个步骤，这就是作战沙盘。

营销计划十二步

第一步：确定愿景

必须确定一个清晰的愿景，知道自己想要什么，否则根本没法谈论未来。

想清楚自己到底在做一件什么样的事情，这是最能激发干劲和热情的，来看一下微软和阿里巴巴的清晰愿景。

微软：每家每户的每张桌面上都有一台个人电脑。

阿里巴巴：让天下没有难做的生意。

把伟大宏图可视化，这将更加有助于它的实现。在思考愿景的时候，可以思考产品或服务最佳的出现场景，进而思考在该场景下，什么样的人群的什么需求得到了满足，对应的人群数量能否被量化，比如10000人或者1000家等。

愿景是一切营销的起点，假如你从来没思考过这一点，那么也还来得及。

第二步：锁定市场

在同一个市场里，竞争不可避免，势单力薄的小企业想从实力雄厚的大企业嘴里抢夺一块肉，难度可不是一般的大。即使如此，仍然有很多小企业突围成功，原因无他，就是发现并锁定了独特的细分市场，也称为"利基市场"。

从客户需求、自身资源、竞争对手空缺这三个角度出发，找到属于自己的利基市场。不要想着面面俱到，"大而全"对于初创公司来讲是最不可选的策略。

第三步：了解目标客户

确定了愿景，选好了利基市场，这时候就到了非常重要的一步——确定目标客户。

近年来，"私域流量"非常火，我在咨询中也回答过不少关于流量的问题。缺流量是问题的现象，企业没有找到目标客户才是问题的本质。找到目标客户，掌握客户需求，自然就清楚应该设计什么样的"诱饵"，吸引什么样的人群，当然也就不愁流量了。

确定服务人群，掌握客户的消费习惯和支付能力，清楚自己的解决方案会给目标客户带来怎样的效果，那营收自然也就清晰了。

第四步：认清竞争对手

市场不是一个人或一家企业的，明确目标客户后，还需要知道客户有哪些其他的选择，要定义和评估自己的竞争对手。

"知彼知己，百战不殆。"定期研究自己的竞争对手，是非常重要的事情。

可以用SWOT工具去分析竞争对手，找到被竞争对手忽视的机会，规避被竞争对手忽视的风险,再利用自身资源,占领更大的市场份额。

第五步:业务定位

想制定能帮助实现业务目标的战略,要实现将公司植入客户或潜在客户的心里,定位是逃不开的话题。

我是做什么的?我可以为客户提供什么利益?我有什么独特的价值和卖点?

与其更好,不如不同,寻找差异化,自身拥有与众不同的优势才是客户选你的原因。

第六步:构建产品线

向一个客户销售1000个解决方案(产品或服务),把一个解决方案卖给1000个人,哪个更容易做到?

很明显是后者,因为获得新客户所花费的营销费用、时间成本才是公司主要的业务成本。而企业利润来自于给存量客户销售新产品或者提供新服务,尤其是现在各大企业都遇到了流量困境的当下,服务好现有付费的客户,解决延伸需求就是最好的增长点。

没有一条完善的产品线或服务线,就等于放飞一只只煮熟的鸭子,总是一边浪费已有的流量,一边花钱买新流量。

如果是新起盘的项目,那就一定要注意,不要还没有存量客户,就设计出丰富的产品线或服务线。

第七步:评估战术

有了清晰的营销策略之后,接下来就要评估实施它的最佳工具。

策划营销活动需要在多方向努力,在执行过程中,可以选择3到5种战术,以备不时之需。还要快速测试战术,选取最有效的,并持续放大最有效玩法的作用。

比如,线上会有分销、裂变、拼团、砍价、集赞、积分、内容种草、软文、SEO(搜索引擎优化)、电销、直播带货等玩法,到底哪个是最适合你的销售场景,就需要去测试一下。

再比如,线下会有地推、展位、扫楼、行销、会议营销、沙龙、讲座等玩法,哪个对你最有效,也需要去测试一下。

我在给客户做咨询的过程中,遇到过很知名玩法不适用的情况。不同企业的基因不同、资源不同,底层逻辑相同,就可以复制和借鉴,但执行时要注意细节,一定要多项选择并做快速验证,将最适合的玩法无限放大。

第八步:整合线上、线下营销

没有成功的企业,只有成功的时代。这句话提醒我们要保持对时代变化的敏锐度。

在移动互联网时代,人们获取信息的习惯在不停转变,先从纸媒到PC端,再到移动互联网,不同的触媒习惯促使营销方式发生改变。

O2O营销是非常重要的方式,即线上打通线下。在场景内有足够多的触点,把企业定位和价值观植入客户心中,实现品效合一。

第九步:落实战术

想要评估战术的有效性,必须要有明确的数值和量表,例如数据统计表。

在单位时间内,一切营销动作都应该有明确的数据进行量化。把营业额做渠道拆分,落实为具体数据,衡量不同曝光形式和媒体渠道的转化率、进店数据、营销方式、贡献占比等,看哪个更具优势。同时,对比行业内的转化率和ROI(投资回报率),思考可以优化和提升的空间。

第十步：撰写营销计划

这一步就是汇总前九步中做出的所有决定，制订出完整的计划。好记性不如烂笔头，写下来的计划是可以落地的计划，还能传达给自己团队的其他成员，方便配合。

第十一步：执行

成功的营销计划始于认真执行，三流方案匹配一流执行，效果会远远好于一流方案匹配三流执行，执行真可谓伟大创意的"鬼门关"。

执行涉及营销的话术、海报、价格、客户名单、所用渠道。在这个过程中，要考虑很多方面：**话术**是否与客户的需求相关；**海报**设计是否响应市场需求而不是在表达自己；**价格**中包含的定价、服务条款、零风险承诺、赠品等因素是否吸引客户；**客户名单**能否让执行人员清楚明白，可以快速启动执行；所选**渠道**是否多元化，并体现了有效性和优先级。

第十二步：检查并排除故障

在执行过程中，内外部情况总是千变万化，大到行业变革，小到员工离职，因此要进行风险把控，定期检查工作，根据计划，排除故障后，再次出发。

在客户企业举行的重大节日营销活动中，要进行门店巡视，平均1小时一次，线上的数据统计也是1小时更新一次，每半天汇总一次。通过实时数据监控，来检测执行中的异常情况，并提供优化策略，在活动开始前就做好反馈日志表，便于活动中及时填充和结束后复盘分析。

至此，营销计划十二步就介绍完毕了。

搞定营销计划后，就要寻找高效、可行的落地路径。下面介绍一条很短的盈利路径，全程只有三个步骤，已经被国内、国外成百上千家企业验证有效。

第一步，找到鱼塘，即你的目标人群聚集地。第二步，投放销售信，即一个印在纸上的"销售员"，给出明确的行动指令。第三步，沟通，即和执行上一步行动指令的目标用户进行沟通，可以通过电话或微信。

值得一提的是，很多人会在深度沟通时遇到障碍，我推荐使用"五步方程式"，让你一看就明白，一用就有效。

五步方程式并不是我原创的内容，是跟随国外直复式营销教父盖瑞·亥尔波特、杰·亚伯拉罕等营销大师所学到的底层原理，就是把一个复杂的思考过程拆分成具体的动作。

成交五步方程式（AITDA 模型）

第一步，抓注意力

注意力是这个时代最稀缺的东西，而成交的第一个动作就是吸引目标用户的注意力。因为用来追一匹马的精力，多于种一个草原来吸引马的精力。

当目标用户开始注意到你、听你说话的时候，你才有成交的机会。

抓注意力，要继续深度思考：

1. 什么是注意力？
2. 怎样得到用户的注意力？
3. 怎样保持用户的注意力？

什么是注意力？就是你的关注状态，在听、在看、在想，跟着做出动作，一起哭、一起笑,甚至一起怒骂。举一个常见的例子,你的男朋友瞟了一眼迎面走过来的靓妹,"看"这个动作就是被吸引注意力的直接表现。

再比如当下流行的抖音,通过一个又一个精彩的 15 秒短视频,牢牢吸引用户,往往当事人觉得只过了 10 分钟,而实际上可能已经过了 1 小时。在长时间的观看中,用户总会发现感兴趣的主播,然后会观看他发布的更多视频。

用户的关注体现了用户的需求,也就是从众多信息中独宠一个的原因。那么,什么是和用户有关,又能产生变化的需求呢?

直白点说,就是大脑喜欢的内容,比如新鲜的事物,最容易理解的就是人们喜欢品尝新品美食、"拔草"网红店。

用户的需求是指挥五官六感做出反应的内在动力,因此想要用户按照你说的做,就要先思考用户的大脑是如何发出指令的。

第二步,激发兴趣

兴趣与注意力不同,如何让用户带着强烈的兴趣来关注你,这非常重要。

标题选取是激发兴趣的重要细节,成功的标题可以让用户对你讲述的内容或销售的产品产生浓厚的兴趣,并保持下去。激发用户兴趣的方式有很多,比如采用"如果这样做,结果会如何?"这种提问方式等。

顺利完成第一、二步,你就成功抓住了用户的注意力,也激发了用户的兴趣,同时用户对你也提出了新的问题:你是谁?我凭什么相信你?接下来,你要进入第三步。

第三步,建立信任

建立信任需要有理有据的细节,最好的呈现方式就是讲故事,准备两个故事来回答用户的两个问题。

第一个故事——我是谁,通过讲述自己的价值观和成长经历,向用户传递和解读你的理念,让对方知道产品和服务都融合了你的理念。

第二个故事——客户故事,你提供的产品和服务所取得的成绩和效果,比如用户的好评和良性反馈,就和我们自己消费时,会参考用户评价是一样的道理。

讲故事也有窍门,要讲能让用户产生共鸣的故事。在我为企业老板提供咨询时,会先了解对方的创业故事,有些故事就是非常能让人感同身受的,如连锁药店的老板,创业动力是给父亲治病。创业者从自身困难出发,讲述的故事总能让人动容和印象深刻。

好的故事或者包装,让本就有料的内容变得更加引人入胜,让人欲罢不能。

第四步,刺激欲望

这个环节就是让用户自己说"我想买"。

先看一则广告:一种记忆单词的方法,让你不需要背诵一个单词,就能轻而易举地在5分钟之内拿下五个单词,并且终身不忘(你的老师永远不会知道)。

相信所有的学生家长都会心动,能提高分数的消费就是值得的。这种营销技巧叫"子弹头",是成交中非常厉害的"武器",刺激欲望的部分就像一个接一个射出的子弹,一发接一发,十几颗子弹头直接促成用户成交。

想掌握这种技巧,要先从每天训练写10个"子弹头"开始。在开始之前,要掌握这个技巧的三个核心要点:

1. 聚焦带给用户的结果,越具体越好。

2. 用户发生变化,把用户使用产品或服务会产生的变化描绘出来,越清晰越好。

3. 有明确的场景,用户使用产品的场景越真实越好。

当用户的欲望到达信任顶点时,你要做的就是顺水推舟。

第五步,催促行动

最后一步就是给用户明确的行动指令,为目标用户提供解决方案,帮助用户解决问题。

这个环节要简单明了地直奔主题,常用以下3种技巧。

1. 零风险承诺。一句话讲清楚用户购买的零风险承诺是什么,让用户安心下单。

2. 稀缺性。限量100份的产品一定比限量1000份的产品的销售速度快。

3. 紧迫性。比如明天晚上12点之后,没有人发货或提供服务。

最后,在收尾处添加一个"特别提醒",强调稀缺感和紧迫性。总之,我们要做的,就是寻找有效策略和方法,让用户立刻下单。

知识用起来,才是有用的知识。从现在开始,你只要将今天所学的制订营销计划的方法和成交策略应用在工作场景中即可。

你也许不知道,以上内容在我的实际咨询工作中,价值10万多元,今天通过文字和大家分享,是真心希望可以帮助更多有需要的人,相信爱学的你会珍惜、认真对待这些宝贵的经验,并且去实践,期待你的好消息,也欢迎和我分享。

莫诺维(Monowi)

DISC国际双证班第74期毕业生
怦然心动文化创始人
兴趣变现导师
女性财富榜样陪跑教练

扫码加好友

莫诺维（Monowi） BESTdisc 行为特征分析报告

SD 型

DISC+社群合集

报告日期：2022年03月31日
测评用时：06分52秒（建议用时：8分钟）

BESTdisc曲线

自然状态下的莫诺维（Monowi）

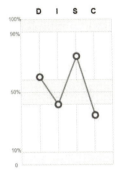

工作场景中的莫诺维（Monowi）

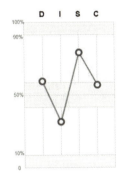

莫诺维（Monowi）在压力下的行为变化

D-Dominance(掌控支配型)　　I-Influence(社交影响型)　　S-Steadiness(稳健支持型)　　C-Compliance(谨慎分析型)

在莫诺维的分析报告中，三张表里的S特质较高，其次是D特质，表明她既能关注到他人的感受和需求，同时也关注结果的达成。她是一个很好的倾听者和支持者，擅长用同理心帮助和辅导他人。在压力下，C特质的升高，表明感到压力时，她会更加聚焦细节，通过收集数据和分析规划的方式，推动结果的达成。

副业变现,你的兴趣价值百万

在 VUCA(变幻莫测的)时代,我们面临的是不稳定、不确定、复杂和模棱两可的未来,每一天都在发生变化。2020 年的疫情更是增加了面对不确定性变化的挑战,副业变现、斜杠青年、自由职业开始成为一种潮流。我们都想在不确定的环境中,为自己建立多元的收入渠道,为自己增加抵抗风险的能力,同时也想探索更多的实现自我价值的机会,让我们的人生过得丰富且有意思。

在追求副业变现的 10 多年时间里,我通过持续大量的阅读、学习和实践,把自己的绘画、摄影、思维导图等多项兴趣持续变现,不仅从生活上滋养我,让我更加热爱生活,同时也把每项兴趣都培养成为技能,并把技能转化为我创造价值和持续创造收入的一项能力。所以,我相信,每个人都有能力创造"左手热爱、右手财富"的生活方式。

关于兴趣变现,我们可以拆分为两个维度:兴趣变现 = 兴趣 + 变现。首先,你要知道自己的兴趣。其次,要学习商业思维,提升自己的商业认知,构建自己的商业变现闭环。

四个维度,挖掘你的兴趣

做"讨厌的事"过生活和做"喜欢的事"过生活,你更想要哪一种生活方式?如果可以做着自己喜欢的事情,又为自己带来收入,这感觉是不是太棒了!如果你还没有找到自己的兴趣爱好,可以尝试从以下几个方面去列清单,然后筛选出你最感兴趣的事情。

第一,有时间就自然想去做的事情,并且做的本身让你感到快乐。例如,我的兴趣之一是画画,所以我随身带着一个16开的绘画本。2018年,我坚持每天画15分钟,365天共画了1000多幅小画。每天画15分钟就成了我有时间就想去做的事,并且在做这件事的时候,我享受其中,感到快乐。

第二,可以帮助他人、让身边的人感到快乐的事情。因为我很喜欢摄影,所以我随手拍摄和分享就成了一种习惯,我身边的朋友很喜欢和我一起出行,因为他们可以收获很多我为她们拍摄的漂亮的人物和风景照片,并为此感到开心。为朋友组织活动拍摄现场,为朋友拍摄户外写真,为设计师的空间作品拍摄,为老师出版的书籍拍摄配图,我拍的照片慢慢得到越来越多朋友的认可。

第三,总是被他人称赞、建议你可以多去做的事情。朋友小C总是把空间整体得很有条理,每个去她家里做客的朋友总是称赞不已,并向她请教经验,最后她成了一位收纳整理师。我的闺蜜诗勋小姐姐煮得一手好菜,每次去深圳吃她做的菜就是一件很美好的事。黑木小姐姐很擅长穿搭,每次朋友见到她,总是夸奖她的衣品很好,让她推荐店铺和单品。

第四,不做会遗憾,人生重来也要去做的事情。在电影《遗愿清单》里有两段我很喜欢的经典台词:"活着的人活着,像永远也不会死去一样;而死去的人死了,像永远没有活过一样。""生和死是永远无法沟通的两个世界,永远无法沟通,所以,由生到死的这个过程,才显得那么意义重大。"

让兴趣持续变现

给大家一个公式,定位 = 兴趣爱好 + 自己擅长 + 用户需求 + 愿意付费 +

人生意义。

兴趣爱好,就是你想做的、喜欢的、感兴趣的事情;自己擅长,就是你能做的、有经验、有积累的事情;用户需求,就是能为他人或某类群体解决一个问题;愿意付费,代表了价值交换,具有一定的商业价值;人生意义,这件事让你有价值感、成就感和使命感。

你可以拿出2张A4纸,1张左边写你喜欢的,右边写你不喜欢的;另外1张左边写你擅长的,右边写你不擅长的,然后去做你喜欢且擅长的。

以我为例,我第一个变现的兴趣爱好是绘画。大二的时候,我开始在机构兼职,教小朋友画画,最初是80元/时。大三的时候,我和朋友的机构合作,开启了自己的第一次创业。2015年,我开了自己的第二个机构,开业不到3个月,学生就有50多人,后来又创办"筱筑艺术",创办了公众号"一点绘画",累计影响了20000多个学生,带领他们学习绘画、爱上绘画。在传播美育的道路上坚持了9年,我为自己创造了人生财富。

六个维度,让兴趣持续变现的着力点

兴趣变现不难,难的是如何让兴趣持续变现?我们可以从6个维度来探索。

第一维,说出你的兴趣,让更多人知道。酒香也怕巷子深,把你的兴趣不断地告诉别人,这样不仅可以让你快速找到有同样兴趣的朋友,当你说得多了,朋友们在有需要的时候,自然而然会想到你。

第二维,传播你的兴趣,变成内容生产者。我建议大家用文字、视频记录和分享你的兴趣,通过不断地输出与兴趣相关的内容,在公域平台上获取流量,为自己积累精准用户和粉丝,同时构建自己的个人品牌。例如,你喜欢摄影，就可以不断地输出摄影教程、器材测评；你喜欢读书，就可以不断地分享书单、读书笔记、书摘金句、读书方法等。

第三维，**精进你的兴趣**，**转化为能力**。在一段时间内，精进兴趣，把兴趣转化成技能，再将技能转化成一种可变现的能力。厚积才能薄发，同时，请把自己精进的过程、方法、成绩分享出去，影响更多人，让你的能力被看见。

第四维，**教授你的兴趣**，**提供产品和服务**。把你的经验、能力、方法分享给同样有需求的人。例如，你擅长画水彩、擅长商业文案写作、擅长理财，将兴趣产品化，为他人提供产品和服务，你可以陪伴他人一起精进或去教会他人。

第五维，**贩卖你的兴趣**，**进行价值交换**。当你的兴趣变成你的能力，通过分享和传播，拥有了一定的流量，并已经拥有自己的产品时，去贩卖它吧！销售是价值的交换，是服务的开始，是你兴趣变现之路的开端。

第六维，**构建个人品牌**，**借势扩大影响力**。在个体崛起的商业时代，做自己人生的 CEO，打造个人品牌，把自己当作一家公司来经营。学会借势、造势，借助互联网，通过短视频、直播、社群等新赛道，助力扩大自己的影响力。

跨界组合，兴趣变现的多种方式

通常，兴趣变现有两种主要路径：

我们可以聚焦单一细分领域进行深耕。选择你热爱且擅长的领域，成为这个细分领域的专家。

著名的漫画大师蔡志忠说："我认为和什么在一起很重要，我自己是从小就决定跟漫画在一起，所以变得很厉害。每个人都可以厉害 100 倍，只是自己不相信。"为了画好内容，他一天画500个以上的佛陀，还要画山、画树、画房屋、画石头，他坚持一天工作16个小时，甚至40天不打开房门，只为完成一件事，他出版书籍中的每一条线都是自己亲手画的。

我们还可以将多元素跨界组合。当你在单一领域的兴趣变现已经取得成绩，或者你喜欢多个领域，不妨来试一下下面的组合游戏吧。你会发现，原来兴趣变现可以有多种方式，你总会找到适合你自己的变现方式。以旅行这个兴趣为例，我们可以叠加摄影，通过旅拍变现；可以叠加摄影、自媒体，成为旅行博主；与摄影、艺术、绘画叠加，还可以开办美学营。

商业思维，兴趣变现的必修课

在这里，我要告诉大家一个思维、一个系统和一个公式，来帮你找到兴趣变现的路径。

一个思维，逆向盈利，改变赚钱的逻辑

在你开展兴趣变现的行动之前，可以构思好你的变现路径和方式，然后倒推制定执行策略。同时，你需要从传统的"收入、成本、利润、投资"的盈利逻辑升级为流量思维、平台思维、跨界思维、生态思维。

用流量思维，在兴趣变现前，获取源源不断的流量，积累你的种子用户。用平台思维，设计可以让他人赚钱的模式，让更多和你同频的人一起合作、共创、共赢。用跨界思维，可以跳出原有的思维框架，进行跨行业、跨领域尝试，同时要求你的能力也要跨界，你不仅要会画画，还要懂产品设计、新媒体

运营、销售等。用生态思维，整合你的资源，重构布局，你可以不完全依靠自己的资金、人脉、能力。

一个系统，打通商业变现的闭环

兴趣变现，你需要打通"产品－流量－销售－服务"的闭环。如果你一直无法变现，可以思考一下，这四个维度是不是完整的？2022年，我上了导师王不烦博士的女性商业大课，在学习完财富飞轮模型后，我将运营的少儿美术老师社群用这四个维度重新梳理，4个月就新增4万元的收入。有兴趣的朋友，可以扫码加我，我会送上这份兴趣变现的秘籍。

产品代表你如何满足目标用户的需求，为用户创造价值。**流量**代表你被多少人看见，多少人被你吸引。**销售**意味着流量的转化，成交是服务的开始。**服务**，极致服务是提升口碑和转化率的关键。

我们来看看，一个爱画画的少儿美术老师如何进行兴趣变现？

产品是少儿美术课程（线上、线下），需要按照内容、定价、交付周期、交付方式等维度，设计产品及产品矩阵。获取**流量**，需要按照线上（公众号、小红书）、线下（线下活动、体验课）2个维度思考，如何获取流量，同时注意经营公域流量和私域流量。拓展**销售**，主要通过1对1咨询、体验课、转介绍、拼团、会员等方式吸引用户，进而成交。同时，从交付的全流程去设计超预期的**服务**和体验，包括学期课程提纲、课后点评、学员作品画册集、比赛、画展、亲子活动、积分兑换礼物等。

一个公式，收入＝流量×转化率×客单价×复购次数

兴趣变现，需要你找到需求，思考如何不断地获取流量。转化率离不开销售，获得你的第一批种子用户后，需要学会在不同阶段，搭建产品矩阵，使用合理的定价策略，提供极致的服务和超预期的价值，促进复购。如果你已

经开启了兴趣变现,但是变现的成绩不理想,想要获得更高的收入,可以根据这个公式,在每个环节去优化和提升。

我特别喜欢电影《地心引力》里面的一段话:"人的一生,就算你很长寿,你能够真的去做你喜欢的事情的时间其实并不多。如果不喜欢,就不值得把时间和精力放在上面。所以,你一定要选择你喜欢的地方,和你喜欢的人在一起,做自己喜欢的事情,包括爱好、爱人,也包括事业。"

将这段话送给每个走在兴趣变现探索路上的你,愿每个人都找到自己的热爱,做你所爱,拥有一个怦然心动的人生!

屈丽艳

DISC国际双证班第81期毕业生

思维教育拓荒者

户外营地教育指导师

扫码加好友

屈丽艳 BESTdisc 行为特征分析报告
DIC 型

DISC+社群合集

报告日期：2022年01月16日
测评用时：05分06秒（建议用时：8分钟）

BESTdisc曲线

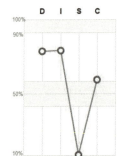

自然状态下的屈丽艳

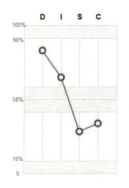

工作场景中的屈丽艳

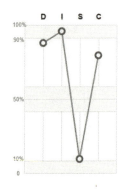

屈丽艳在压力下的行为变化

D-Dominance(掌控支配型)　I-Influence(社交影响型)　S-Steadiness(稳健支持型)　C-Compliance(谨慎分析型)

在屈丽艳的分析报告中，三张表中的D特质相对稳定，表明她做事情以结果为导向，目标明确，同时，面对有压力和挑战的事情，不会轻易逃避，而是面对挑战，并且突破挑战。在压力下，C特质明显提升，表明有压力时，她会进一步通过制订计划和关注细节，确保目标的达成。

跳跃成长：不断突破自我

让教育插上思维的翅膀

今年,是我在教培行业自主创业的第8年。8年前的我,怎么也不会想到,会因为各种各样的害怕,被"逼"着走上了一条完全不一样的人生路。

我曾因害怕回老家,在参加工作的第一年,向公司借了房子的首付款,在深圳买下了属于自己的房子。我曾因害怕找不到工作,选择了在完全陌生的行业自主创业,并用了不到两年的时间,建立起了自己的企业品牌。我曾因害怕自己的公司被市场淘汰,带领团队,研发出了自己的专属课程产品,取得了知识产权,并与深圳多家公立学校建立了深度的合作关系。这就是我,一个因害怕而一直在披荆斩棘、开疆辟土的教培创业者。

因害怕,我走上了创业路

我从一名上市公司的采购管理人员,怀里揣着凑热闹考来的语文教师资格证,转身投入了教育行业进行自主创业,想想都觉得自己勇气可嘉。

那是2014年7月,当时的大宝即将上幼儿园,二宝刚出生。而我自己,正经历着人生当中压力最大的时刻,两个孩子的牵制,30出头尴尬的年龄,职位上不去,出路在哪里?

看着眼前一天天长大的孩子,我面临无比痛苦的处境:一边是完全没有经验的自主创业,既跨行业,又跨专业,风险重重;一边是嗷嗷待哺的两个孩子和繁重的家庭负担,叠加自己尴尬的年龄和未卜的前途,我心力交瘁。

当我闭上眼睛,陷入沉思,放眼十五年后,大的孩子即将要进入大学,小的也进入了高中,自己日渐增长的年龄和沉重的经济压力,届时的处境将更加艰难。我终于在权衡之下,郑重决定自主创业,而行业就选择了未来可为孩子赋能的教育培训领域,就这样,我正式抬脚跨入教培行业。

什么都不懂?没有关系,我从最基础的托管和晚辅业务做起,用最真诚的服务和最认真的工作态度去打动家长,帮助家长们先解决最基础的接送及作业问题后,再来打造自己的专业形象。

一年的时间很快就过去了,经历了最为艰难的新公司员工招聘、产品价格定位、家长异议处理等琐事,因为所有的事情都是我亲力亲为,在同类别、同规模、同档次的机构当中,我们赢得了非常好的口碑,生源渐渐稳定,成本也很快收回,解决了基本的生存问题。

但公司管理和发展,一直是压在我心头的一块大石头。我们在家长眼里,一直是个可有可无、没有特色、没有专业能力的"小饭桌"保育人员。

这和我当时入行时要做"教育"的初衷格格不入,我们必须转型!我决定走出去看看,在外出学习、交流中,为自己和公司找出路。直到一次行业校长培训会议,坚定了我转型的决心。

在那次会议中,同桌的一位校长问道:"屈老师,你这么有能量,你们机构做得肯定很不错吧?你们主要是做什么的?"我不假思索地立刻答道:"我们做语、数、英的!"

对方继续问:"你们的核心产品是什么?"当听到我回答"我们的核心产品就是语、数、英作业辅导"时,他愣了一下,笑了笑,不再做任何回应。

这让我突然惊醒,是的,我们没有核心产品,我们做的工作也并非真正的"教育"。换句话说,我们只是一个简单的靠"力气"吃饭、没有任何技术含量的托管班而已。

回到家里,看着每天调皮捣蛋、毫无规矩的儿子,想到因创业之初的忙碌工作,几乎无暇顾及孩子,我差点忘了,到底是为了什么而进入这个行业。再回想起同桌校长的那番话,我大胆设想了一下公司和孩子五年后的样子,我告诉自己:转型,势在必行!

因害怕,我毅然转型

要重新做定位,必须得把身边所有的事情做一个清晰的梳理。公司近一年来的主营业务几乎都是基础性的服务工作,以孩子的接送、托管和放学后的作业辅导为主,对于老师并没有太多专业上的要求,只要有责任心、有爱心即可。在所有的家长眼里,启迪教育只是一个托管班,和真正的教育机构差了十万八千里。

经过长时间的观察和调研,我们发现,很多孩子的语文阅读和理解特别弱,每次遇到阅读和写作类型的作业时,80%以上的孩子会愁眉苦脸、提笔忘字,更有甚者,还影响了对其他科目的题目的理解,因为读不懂题目,就无法回答问题。于是,我们把核心产品定位在了阅读和写作上。

可是,普通的阅读和写作产品,市场上鱼龙混杂,授课老师基本是以讲单元作文和同步阅读,单纯地帮学生点对点提分为主,对于孩子的学习能力培养,并没有起到实质性的帮助。当我习惯性地打开电脑,一张东尼·博赞思维导图广告跳入了眼帘。

"我们为什么不用思维导图来带着孩子做阅读呢?"我被自己的这个想法吓了一跳,但通常灵感都来自于一瞬间,伸手抓住,立即行动!

思维导图属于舶来品课程,真正进入中国的时间并不长,要么零零散散,要么过于简单和枯燥,几乎找不到适合的体系教材。通过海量的阅读、筛选和比对,我们把蓝本内容最终定格在了美国教育学博士大卫·海勒的 Thinking Maps(思维地图,又称八大思维图示)的原著上,没有汉译本,靠着百度翻译,我硬是把一本 360 多页的全英原著读完了!

这套思维学习工具自 1988 年问世以来,一直被全球发达国家作为教材使用,为全球数以亿计的孩子的学习及思维能力的培养,提供了巨大的帮助。究其根本原因,就是因为这套思维工具能够量化孩子的学习,培养孩子的主动思考和探索实践的能力,从而提升其学习能力。在了解到这个背景之后,更加坚定了我们选择它作为教材蓝本的决心。

读完原著后,我迅速在公司抽调了三位一线授课老师,确定了首批教研团队成员,结合国内各年级段的语文教材的阅读理解与写作大纲模块,融入大卫·海勒的 Thinking Maps 思维工具,再结合东尼·博赞体系的思维导图,研发出了我们自己的第一套教学体系。

将这套教学体系投入到机构教学的第一个学期,我们通过密切跟踪和分析,发现孩子的综合能力,不管是语言的表达、阅读方法,还是写作构思,都把同班级其他同学甩出了八条街,孩子的成绩提高水到渠成!

孩子们的改变,极大地鼓舞了老师们的信心,我们开始在同类机构当中崭露头角,在家长们心里的形象也在一天天改变。这一次课研成功的小尝试,导致我们在家长眼里的定位发生转变。接着,走入学校的课堂,对于我们机构和团队来说,又是一次巨大的跨越。

2017 年 9 月的一个星期四的下午,我接待了一位特殊的客人。他是我的几位学生所在班级的语文老师,同时也是一所公立学校的教学处主任。因为这几名学生在语文的阅读和写作过程中,呈现了完全不一样的思路,引起了他的高度关注。

在与我们深度沟通和交流教案备课内容之后,他希望能够把我们的课程作为特色课程,引入学校进行尝试。从课研老师们兴奋的眼神当中,我可以感受到,这次校方的认可鼓舞了我们的士气,大家这一路走来的各种不易和艰辛都是值得的!

通过校方提供的大课堂平台的打磨,我们的课程内容与结构都得到了全方位的优化,授课老师的能力也得到了大幅度提升。不同年级段的课程输出,既要服务于庞大的班级学生群体,还要保证教学质量,我们的课程改革,已经迈入了一个新的里程碑。随着在校内授课的影响力越来越大,授课老师已经供不应求,打造标准化的课程体系与培训体系势在必行。

因害怕,我们精益深耕

2020年的疫情肆虐全球,国内各行各业哀鸿遍野,教培机构尤甚。在各机构都陷入休假、转行与无班可上的尴尬处境中时,我们却召回了思维导图课程的所有授课老师以及教研团队,开始按照标准化课堂流程,迭代更新教学备课与案例。

历经半年时间,在教学方面,我们的教研团队重新整理了国内各阶段课改后的部编版语文学科阅读和写作要求大纲。在原课程内容和结构的基础上,根据学生所在的年级段、思维能力,再次做了教材的细化分层教学与课堂案例的匹配调整,同时融入了各年级段的必读和选读书目,作为思维工具的应用与实践版块。

在教师培训方面,我们重新整理了教纲以及教学流程的重难点,录制了标准化的教学视频,规范了备课和说课步骤,统一了课堂与课后练习标准,含备课、磨课、过课。原来需要花至少2~3个月去培训一个合格的老师,现在可以在保质保量的情况下,缩短到2周,大大减少了培训成本,同时还提高了效率。

时光不语,静待花开,再次迎来开学时,我们重新提交到校方的课程方案书和课程计划已经做了更新,按不同年级进一步做了细节的划分。再次回到课堂的孩子们,迅速发现了老师们的授课方法和课程内容都有些不一样了,课堂内容更有趣了,学习氛围更轻松了。在教学成果展上,看着课堂输出的累累硕果,每一位启迪人都怀着满心欢喜和极大欣慰。

经过整整七年的沉淀和课堂实践,我们的课程体系历经两次大规模的内容迭代更新。一所学校、两所学校、三所学校……随着越来越多公立学校与学生的加入,我们的机构慢慢在周边打开了局面。

当我们以为会一直这样走下去时,国家的另一项政策改革和2022反扑的疫情,把我们推向了另一座山峰。

随着2021年国家"双减"政策落地,教培行业迎来了有史以来最大规模的倒闭潮,曾经的培训巨头新东方、学而思、猿辅导等纷纷退出教培市场。培训行业的高光时刻已过,资本四散,教育终于又回归了本质。

由于K12并不是我们的主营业务,我无比庆幸思维导图进校园课程让我们躲过了大劫,避免了"双减"政策的巨大冲击。看着身边一个个有着教育情怀和教育梦想的同行,因为只做K12课程,或是没有找到适合自己的转型课程而纷纷退场,我感到十分痛心。

突然,一个大胆的想法冒出来,为什么我们不能把现有的成熟和完善的课程体系分享给同行机构,帮助他们渡过难关?为什么不把我们的课程和案例编成标准的教材,让我们的教学更为流畅和规范?让更多人受益,做真正的教育,教会孩子学习的方法,而并非只传授知识,让教学回归本质,把课堂的主导权交回给孩子,这才是我真正想做的教育!

做任何事情,只要行动了,就已经成功了50%;只要有目标,就能打败90%的对手!我们的团队开始着手准备帮助同行转型的一切事宜,注册品牌商标Thinking Map Camp(思维营地),同时申请课件版权,课研同事开始编撰标准教材并出版,而我这边随即与远在大洋彼岸的美国教育学博士——八大思维图示提出者大卫·海勒取得联系,并邀请他为我们的教材写丛书序言。

曾任耶鲁大学校长20年之久的理查德·莱文教授曾说过这样的一句话:"真正的教育不传授任何知识和技能,却能令人胜任任何学科和职业,这才是真正的教育。"

细品之后,你会感受到,耶鲁一直致力于培养领袖人物,其实是在培养学生独立思考的能力,并为其终身学习打下基础。我国教育部也从2014年开始,通过修订教材等各种途径,提升教师的逻辑思维能力,将授课转为关注应用,加强对中小学生思维能力的培养。

一切迹象表明,坚实的基础知识加灵活的思维,是在未来AI人工智能时代,孩子必须具备的能力和素质!把这套享誉全球发达国家的思维学习工具推向市场,帮助更多学校和家庭,让孩子们真正提升学习能力,优化自己的学习方法,成为我的下一个计划与梦想!

著名的德国哲学家雅斯贝尔斯教授曾说过这样的一段话:"教育,是一棵树摇动另一棵树,一朵云推动另一朵云,一个灵魂唤醒另一个灵魂。"

感谢信任我的每一位校长、家长和孩子,是你们的推动与引领,让我深刻认识到了教育最核心的本质。"桃李不言,下自成蹊",教育事业并不是一场一开始就带目的性的商战,而是我们的等待恰逢了花开。

黄金

DISC+授权讲师班A3毕业生
7年帮助50多个家庭买房，增值超2亿
花过百万学费的终身学习者

扫码加好友

黄金 BESTdisc 行为特征分析报告
SDC 型

DISC+社群合集

报告日期：2022年03月31日
测评用时：26分54秒 (建议用时：8分钟)

BESTdisc曲线

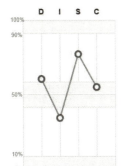

自然状态下的黄金

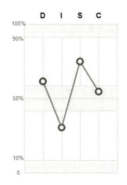

工作场景中的黄金

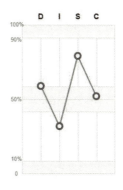

黄金在压力下的行为变化

D-Dominance(掌控支配型)　　I-Influence(社交影响型)　　S-Steadiness(稳健支持型)　　C-Compliance(谨慎分析型)

在黄金的分析报告中，三张表里的 S 特质最高，表明她在与人沟通时，会关注到他人的感受和需求，也是很好的倾听者和辅导者。同时，D 特质也相对较高，表明她会聚焦目标，专注结果的达成。三张表的整体图形一致，说明她不会刻意掩藏自己，总是以最真实的状态呈现在其他人面前。

一个包租婆的自白

"为什么你就是不肯教别人财商?"

"有多少人能像你一样,在18岁就遇到身家过亿的师父,领你入门,践行财商——让你19岁就成了月入过万的包租婆!"

"有多少人,像当年的你一样,也渴望经济独立。喜欢什么,不用跟爸妈、男朋友、老公汇报价格,想买就买。"

"你知道有多少宝妈,因为只能手心向上跟老公要钱,经济不独立,而焦虑、抑郁,像个行走的火药桶?"

"你想帮孩子,就应该首先教妈妈们财商!"

每次和朋友们聊天,我都会听到这些比我还着急的规劝,无一不是希望我将赚钱的方法教给更多人,但我的心里总有犹豫,"你说的东西都对,只是财商对很多人来说,是很危险的,很多机构动不动就拿'财务自由'来'割韭菜'!不少人盲目模仿,损失惨重、负债累累、家破人亡的人,不在少数!"

每当这时,我都会面临新一轮"轰炸":"你的担心,有一定道理,可你看,什么事情都有风险,我们不能因噎废食。财商教育,如果你不做,别人来做,某些人的某些方法,没准害人不浅!与其如此,你的方法这么好,为什么不教人?没准,别人因为从你这儿学了,再看见那些招摇撞骗的人,反而免疫、不受损失了呢!"

经过多位宝妈的强烈抗议、极力争取,我想,我有必要写一些东西,尽己所能,帮一些有缘人了。

我们为什么要学财商

大家想学财商,要先想明白一点:我们为什么要学财商?

有的人,是想要证明自己;有的人,是不想受制于人;有的人,是想努力摆脱生活困境……无论出于何种目的,必须警惕一种情况:赚到钱后的膨胀!

一种膨胀,是自信心膨胀,觉得自己很厉害,胆子更大,想做回报更高的项目,此时就很容易盲目自信,误判市场!另一种膨胀,是欲望膨胀,加上过度自信的推波助澜,更容易万劫不复。

何谓万劫不复?举个例子说吧。

华尔街传奇杰西·利弗莫尔——"股神"巴菲特指定股市教科书《股票作手回忆录》的主角,被誉为"百年美股第一人""投机之王",他曾经是世界上最富有的人之一,创造了每一代股神都难以忽略的传奇——用 5 元本金赚到 1 亿资本额。1907 年,他在 30 岁时,就拥有了相当于今天 1 亿美元的资产,那时的中国还在清朝光绪年间,你能想象吗?在那个连广播、电视、互联网都没有的年代,他赚到了 1 亿美元!

1929 年,利弗莫尔 52 岁时,赶上了美国大股灾。1929 年 10 月 29 日,数以千计的人跳楼自杀的一天,他逆势赚了 30 亿美元。没错,他只用了 1 天,就赚了 30 亿美元,多少人一辈子都不可能赚到那么多钱。试想,如果让你在一天之内赚到 30 亿美元,开心吗?答案是肯定的。但是,命运之神没有一直眷顾他,就在 4 年后,利弗莫尔输光一切,宣告破产,再几年后,利弗莫尔自杀了。这位被誉为"趋势交易奠基人"的传奇人物在自己的遗书上写道:"我的一生是一场失败。"

想想看,一个传奇性的人物,最终都避免不了失败,那么对于我们来说,什么是万劫不复?

就是当有一天,你确信自己天下无敌,能赚到市场上所有交易者的钱,那么,便离彻底毁灭不远了。正如那句名言所说:"华尔街有胆大的交易员,也有老的交易员,但没有又胆大又老的交易员。"

每个人都有路径依赖。**可怕的事情不是没赚到钱,而是赚到了以为是自己能力范围以内的钱**,却看不到所有的成功背后,都藏着概率,需要有许多不可复制的因素作为保障和前提。当你以为成功就是方法好,并试图复制当时的做法,以获取更大成功时,很可能会一败涂地!更可怕的事情是你甚至为此动用杠杆,想要一举大赚几十倍,甚至几百倍!

最可怕的事情,莫过于一次小成功,是酿成大失败的前奏!任何时候都不能忽略概率——好运气可能有一次两次,却不可能每次都是。

最坏的事情,莫过于把好运气所带来的成功,当作是自己努力或聪明才智导致的。如果不充分认清概率才是世界的真相,万一你真的懂一点点小技巧,只会死得更快、更惨!

错误的归因,必然导致失败。

要想认清人生真相,我强烈推荐一本书《对赌:信息不足时如何做出高明决策》,作者安妮·杜克是认知心理学博士。她更重要的身份,是顶尖职业扑克选手,她曾多次赢得世界冠军,到手奖金超过400万美元。按照杜克的经验,牌手常常需要在2分钟内做20个决策,而每1个决策影响的输赢,可能都是一套三居室住宅。

在财商这条路上,不具备概率思维,就不是一个合格玩家。因为你永远不会知道,下一秒究竟会发生什么。股市暴跌的时候,没人知道,它会跌多久、跌多深,什么时候该贪婪,什么时候该恐惧?

实际上,很多时候,财商不是基于知识,更是心力加现金流的游戏。

财商,往往只有开始,永远看不见尽头。你不会知道,命运之舟,会将你载往何方。

希望你不要有任何侥幸的成功,因为只要有一次,可能你就想重复它。而好运气,往往是不可能一次又一次地重复出现的。更常见的结局是,一次幸运,你赚得盆满钵满;之后,想要复制同样的大举成功,很可能一次次功败垂成;最终,不仅原来赚的钱全部亏进去,还欠一屁股还不清的债。任何一次诱惑,没有经受住,都可能死无葬身之地!

就像波谲云诡的大海,你看照片时,可能觉得波澜壮阔,但当你真的成为一名船员,遇到海啸、风暴的时候,你还会觉得大海可爱吗?

心力,是最强竞争力!明确这点,我们再往下继续聊。

什么是"财商"?

会赚钱 = 有财商?

赚钱的方法 = 财商?

赚到很多钱 = 财商高?

学会财商 = 能赚很多钱?

如果你觉得,学了财商,就能赚钱,恐怕是把这件事情想简单了。首先,学财商很可能让你亏很多钱!这里面,最大的一关是:你遇到的,是怎样的老师?几乎没有悬念,99.99%的所谓导师,想从你身上赚钱。

真正财富自由的人,不屑于赚那点小钱,也没时间跟理解能力不在一个层次上的人成天干耗。绝大多数人,即使知道了道理,也不会行动;真正知行合一的人,实在太少。这对在市场上实战的大师们来说,是不可忍受的。他们宁可多看书,多考察一些值得看的项目,甚至只是喝杯茶、旅个游,也不要把时间浪费在跟一堆坐而论道的人打嘴仗上。

举个实际例子:

2020 年 1 月,我和一位在广州市中心的房产证面积超过 1900 ㎡(房产证本数为两位数,月租金收入超 30 万元),拥有 17 年房产投资经验的资深投资人,办了家培训咨询公司,专门帮人选房、谈判、判断时机、设计方案。

当时,疫情刚爆发,武汉封城,到三四月份,中介店都还没开门。我们在群里讲,这是买入的最佳时机,结果被人们群起而攻之。冷嘲热讽此起彼伏,他们找出一堆理由论证"房价要跌,要腰斩"!

最终的结果是,那些相信我们的人,通过我们帮忙选片区、挑房子、谈判助阵、把关合同、设计方案,有一半以上的人,半年后房产增值四百万到一千万!那一年,我们累计帮助客户多赚至少两个亿,节约购房成本几百万。我们推荐给客户的片区、小区,在几个月内涨幅达到100%。同期买了其他地方的人,很多到现在还是亏本的。价格微跌不说,算上每个月固定要还的贷款利息,实际上亏损多少?如果当时买对了,会怎样?

为什么明明跟我们有接触,却还是买到不涨的地方?

因为每一个人,认知水平不一样,思维方式、对待事情的反应模式,也不一样。

有的人,或者可能是大多数人,总想证明自己是对的,只相信自己原来就相信或想相信的东西,全然不管真相如何。譬如,完美错过每一次上涨的人,吃不到葡萄说葡萄酸,非要说房价一定会跌。可有什么办法呢?他们无法接受自己错了,于是,市场会叫他继续错下去!一次次地要面子,一次次地与财富擦肩而过。

从以上例子,我们能看到什么?

首先,真正经验丰富、硕果累累的实战大佬,可能连1%都不到;在这些大佬中,能抽出时间、不计成本教人的,又可能连1%都不到;而即使,真的有那么幸运,遇到这样的实战派大佬,能不擦肩而过、真正把握住人生中最重要机会的人,可能还是连1%都不到。

$1\% \times 1\% \times 1\% = 0.000001$,这么低的概率,你觉得真正遇到好老师,并能学到有用知识和技能的机会,是多少?

遇到好老师,本身就是一种超级运气。能把握住好老师,就不仅仅只能靠好运气了。你具备识别真正的好老师的能力吗?

在财商这个领域,鼓吹某个方法能赚钱,实在太容易了。

有一个骗局是这样的:给10000人群发"明天××股票会涨/跌"的信息,其中,有5000人收到"明天××股票会涨",有5000人收到"明天××股票会跌"。到第二天,总有5000人收到的信息一定是对的,再继续群发,在收到对的信息的这5000人里,再对其中2500人群发"明天××股票会涨",对另外2500人群发"明天××股票会跌"。第三天,又总有2500人收到的预测是准确的。骗子继续向其中1250人群发"明天××股票会涨",向另外1250人群发"明天××股票会跌"……

总有一些人,发现自己收到的预测短信一直是对的,于是会关注短信里提供的链接,点击进去,按照提供的群号,搜索加群,交了"信息费"或"预测技术学费",甚至在群里跟买,试图坐庄。有人会拨打对方电话,让对方代自己打理银行账户;还有人加上骗子微信后,通过朋友圈,看到一个很赚钱的项目,投资合伙。

只要将群发短信基数扩大,向1000万、5000万人群发,会不会这里面就有一些人最终上当了呢?

那些号称对市场判断多准的大师,哪个敢留下所有的预测记录?全部预测对,而非删掉所有不准确的预测、只留下成功预测记录的,能有几人?

那些号称自己有多厉害的老师,几个有项目可以实地参观?即使实地参观,万一只是日租来糊弄上门的呢?像某微商行业,盛行"喜提玛莎拉蒂""喜提法拉利""喜提保时捷""喜提大别墅",于是专门有车行,提供背景给微商拍照……玛莎拉蒂买不起,日租十分钟,咬咬牙还是可以的。

这么多作假手段,怎么防?毫无疑问,只要你想赚钱,就有人能从你荷包里掏走钱!所以说,这是一个危险的游戏。

既然如此,我们是否就应该对"财商"敬而远之?

很多时候,我不知道该不该跟人讲财商。因为,这就像给人打开了潘多拉盒子,你永远不会知道,最终,他将去往何方……

直到又一次收到"××基金列表推荐"的某大网站广告,我突然在想,很多人总会被这些信息包围的吧?无论我讲不讲,总有人在讲。那,我就讲一讲吧。或许告诉了你,就是改变你命运的机会。

这是一片迷人的海域,无数人投身其中;这是一片危险的海域,无数人葬身海底。

一篇文章,篇幅太短。推荐几本值得读的好书吧,在这些书单背后,是超过6000亿真金白银、由顶尖聪明大脑实践得来的经验。

《价值:我对投资的思考》——作者张磊,高瓴资本创始人。2005年的腾讯、2008年的蓝月亮、2010年的京东,以及美团、百丽、格力、喜茶、小红书、江小白、完美日记、良品铺子、Zoom……众多巨头背后,都有高瓴的身影。2014年,腾讯入股京东,正是张磊牵头的。

《苏世民:我的经验与教训》——作者苏世民,黑石集团创始人。截至2019年第三季度,黑石管理的资金总额超过5500亿美元。黑石集团人均利润是高盛的9倍,过去30余年平均回报率高达30%以上。美国排名前50的公司和养老基金中,70%以上都有黑石的投资。这本书,也是我们圈内一位有超过40000㎡物业收租、每月收完租金就能又买一套深圳市中心住宅的老前辈诚挚推荐的。

《穷查理宝典》——作者查理·芒格,被称为"巴菲特背后的男人","股神"巴菲特说:"芒格拓展了我的视野。让我以非同寻常的速度从猩猩进化到人类……没有芒格,我会比现在贫穷得多!"

《文明、现代化、价值投资与中国》——作者李录,喜马拉雅资本创始人,查理·芒格家族资产管理者。

如果你看完有收获,想交流,欢迎加我微信探讨!

愿我们在财商领域都保持敬畏。祝赚钱,祝成功!

天使姐姐

DISC国际双证班第71期毕业生
青少年财商引导师
青少年公益机构创始人
财富罗盘&成长罗盘双教练

扫码加好友

天使姐姐 BESTdisc 行为特征分析报告
SI 型

DISC+社群合集

报告日期：2022年03月31日
测评用时：20分48秒（建议用时：8分钟）

BESTdisc曲线

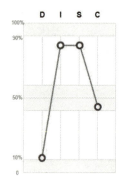

自然状态下的天使姐姐

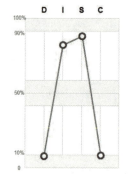

工作场景中的天使姐姐

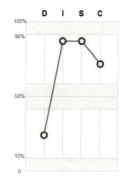

天使姐姐在压力下的行为变化

D-Dominance(掌控支配型)　I-Influence(社交影响型)　S-Steadiness(稳健支持型)　C-Compliance(谨慎分析型)

　　在天使姐姐的分析报告中，三张表里的 I 特质和 S 特质都相对较高，表明她关注人的感受。一方面，她善于表达和与人沟通，可以通过表达影响他人；另一方面，她也是很好的倾听者，富有同理心，可以觉察到他人的内心需求。在压力下，她的 C 特质升高，表明有压力时，她会通过客观的数据分析，寻找解决问题的方法。

我的十年故事

我是徐玥,我更喜欢大家叫我"天使姐姐",也希望大家在心里给我加个前缀"落入凡间"。为什么我要强调"落入凡间的天使姐姐"呢?那就要从我的十年故事开始说起了。

我生在南京、长在南京,从小我的愿望就是做一名教师,传道授业解惑,哪怕是幼儿园的老师也行,因为我喜欢和孩子们在一起。可惜天不遂人愿,我入职了一家小公司,做了普通的管理人员。

我出生在一个"公益世家"。为什么这么说呢?我的妈妈是南京市秦淮区检察院"诚爱基地"的志愿者、未成年犯罪的社区矫正志愿者,曾经矫正了数十名被法院判刑的未成年人,经我妈妈辅导、矫正,他们上大学、出国、娶妻生子,过上了和我们正常人一样的生活。因此,她先后获得了2010年"南京好市民"和2011年"感动秦淮人物"等等很多荣誉。

我的弟弟也是一名志愿者,他是南京人防救援大队的大队长,还创立了南京民安应急促进中心的公益机构。他带领小伙伴做应急救援,提供安全救护保障,免费教南京市民心肺复苏、AED的使用、气道异物梗阻处理,举办防疫消杀、反恐宣传等等众多公益活动。他参与新冠肺炎疫情防控等志愿服务,不仅被国家级媒体报道,还在2021年底被南京市反恐怖工作领导小组办公室评为"南京反恐防范宣传先进个人"。

而我自己呢,从2007年开始做志愿者,2012年成立自己的公益机构"小萝卜儿童关爱中心",致力于为南京的外来务工子女、困境儿童服务。我们和南京20多所小学和多个社区合作,为南京城里的这类孩子做一些力所能及的事情。

我们组织外国志愿者到流动儿童的学校,开展中西方文化交流的活动——"童你在一起",举办利用咖啡渣作画的环保项目"啡同凡响"、为流动儿童普及财商知识的"阿福童理财小能手",还有"食品安全大篷车""流动儿童画展""国际儿童戏剧节""流动儿童阅读嘉年华""地铁平安小卫士""金融反诈小卫士""财商桌游大赛"等,多年来大大小小的活动不下千场。

也许会有小伙伴好奇,我为什么乐此不疲地组织这么多活动?毕竟我有稳定的工作,没有必要全情投入到公益里呀。我想那是因为我和孩子们在一起时,特别开心、快乐,仿佛看到了童年的我,而孩子们的天真、可爱也感染了我。

我感觉自己是幸运的,能为他们打开一扇又一扇窗。与其说我为孩子们做了一些事情,不如说我和他们一起成长,虽然我已经成年,但我感觉我的心和他们是相通的。在为他们服务的同时,也为自己打开了眼界、扩大了视野。这样的感觉,真好!

尽管我内心并没有感觉自己做了特别的事情,只是做了我喜欢做、愿意做的事情而已,但付出总会被看到,我先后获得了2013年"南京优秀志愿者"、2014年"江苏省十佳巾帼志愿者"称号。

刘润老师在《永远,不要和没有格局的人谈钱》一文中写道:"公益的关键看你是否捐献了自己的资源,帮助与自己利益无关的大众。"我也愿意拿出资源,帮助那些孩子,但是到了2016年,我开始产生困惑,甚至是有些焦虑了:公益到底是什么?为什么公益机构的人员流动性大?为什么公益机构的服务不能提升?品牌影响力不能扩大?为什么始终只是在自己的公益小圈子里"自嗨"?

我苦苦思索,却找不到答案,于是决定跳出公益圈,去看看外面的世界能不能给我答案。

直到2018年4月,我生了场大病,于是放慢了节奏,停下来思考未来的路该如何走。在参加读书会时,我认识了好闺蜜阳菌,当我把困惑说给她听时，她告诉我："我觉得你有必要认识一个人，他最近来南京了，你来参加活动吧。"

7月，我第一次见到了这个传说中能量很大的人——海峰老师。在海峰老师的分享会上，气氛热烈而有温情，正如海峰老师给大家的印象一样。8月底，阳菌打电话给我："天使姐姐，你想不想上DISC？想的话就赶紧报名吧，马上就要涨价了。"

我思考了很久，虽然有点懵，对DISC也不是太了解，但冲着海峰老师对每位学员都是1对1服务的热忱，我还是报了名，并在两个月后参加了长沙的DISC线下课。

说真的，我是第一次参加这样的培训，课程的信息量巨大，让我感觉在做梦一般。但随着在DISC社群里的浸泡时间越来越长，我经常参加海峰老师和优秀的学长、学姐们组织的线上、线下活动，我见识到海峰老师大到无边的格局，我看到了学长、学姐们为了社群无私地奉献、学到知识的落地，更看见了自己的成长，看见了自己的进步，真心为自己感到开心。

我开始将在DISC社群中学到的知识运用到公益活动当中。在2020年的国庆节，我在24小时之内组织了100名孩子参加国庆南京地铁公益活动；在2022年的寒假，我联合江苏科技馆、南京航空航天大学志愿者团队，组织了有400名孩子参加的线上的航空知识冬令营。这两个活动都取得了令人意想不到的成功，参与者、合作方都很满意，我自己也很满意。

可就在公益活动举办得还不错的时候，我又有了新的困惑。为什么想认认真真做公益还是难、很难、非常难，甚至举步维艰呢？问题出在哪里？痛定思痛，我思考了很久，方才明白，任何一个行业，人才最重要，只有吸引和留住最优质的人才，才有可能带来组织和团队的成长。

在2020年疫情初期，DISC学长古典老师在极短的时间内组织防疫物资驰援武汉，从收集信息、筹备物资到组织车辆和人员，比我视野范围内的公益组织更高效、更迅速、更及时。这让我震惊了，也刷新了我的认知，做公益仅有情怀是不够的，还需要把握三个关键点：

让专业的人做专业的事情；商业是情怀的底气，情怀是商业的血脉；所有人可以帮助所有人,所有人可以支持所有人。

但对于这么多年做公益的我来说,"公益就是免费"这个观念根深蒂固,我不好意思开口谈钱,所以我组织的活动基本上都是免费的,但不收费、没有稳定的收入又产生了新的矛盾:比如,消耗了大量的时间、精力,使我不能够再学习精进,更好地服务大家;由于是免费的,低门槛吸引来的人群,不一定会珍惜我们的付出。

这些瓶颈,卡得我喘不过气来,但我又不愿意简单、重复地为孩子和家长们提供低价值的服务,我希望为他们带来更专业、体验感超好的活动和课程,怎么办?这让我很焦虑。

就在2021年2月,我以前合作过的做少儿财商的公益机构发来信息,邀请我参加青少年财商引导师的培训,我似乎找到了方向。通过三周的线上学习,我了解了财商的基本知识和它对每一个人的重要性,而恰巧在这个时候,DISC社群新的包班课是实践家集团的财富领航教练,于是我不假思索地报了名。

5月底,在北京的3天课程让我对金钱有了全新的认识;6月的富中之富发现之旅线上营加深了我的认知;7月初,我去青岛参加了体验感超好的M&Y线下课程,又在线上做了三期的财富领航教练等,这些尝试彻底颠覆了我以前对金钱的认知。我逐渐打破了"公益就是免费的"这个观念,我也敢于、坦然地开始谈钱了。从羞于说到主动提,这对我来说是质的飞跃。

我是这些课程的受益者,我也希望更多的人知道、了解并从中受益。我希望大家知道"金钱对每一个人的重要性远超过你的想象""你就是钱,钱就是你""金钱是你能量的体现""服务的人越多,你的效能越高""理财就是理人生""财务自由之后,人生才可以获得自由"……

我希望我学习到的财商知识、家庭教育知识加上两套"罗盘",可以带给更多的孩子和家长更好的体验。以成长罗盘让家长和孩子的亲子关系平等、和谐,以财富罗盘让家长和孩子了解财商知识、掌控人生。

没有情怀的商业是苍白的,而没有商业的情怀走不远。我一直有这样的想法,通过自己的努力,既可以满足"成就我,成就每一个孩子"的初心,又可以让良性的商业运作持续下去,这是我梦寐以求的事情。

当我看到我自己和"小萝卜"在十年后如孩子一般朝气蓬勃的样子,内心就无比激动,希望越来越多的伙伴和机构能够加入,我们一起成就自己、成就未来!

蔡洪峰(阿蔡老师)

DISC国际双证班第51期毕业生

创业创富教练

个人IP打造教练

私域流量变现教练

扫码加好友

蔡洪峰（阿蔡老师） BESTdisc 行为特征分析报告
ID 型

DISC+社群合集

报告日期：2022年04月05日
测评用时：03分06秒（建议用时：8分钟）

BESTdisc曲线

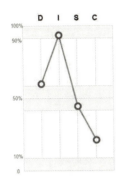

自然状态下的蔡洪峰（阿蔡老师）

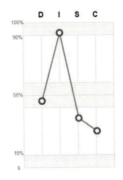

工作场景中的蔡洪峰（阿蔡老师）

蔡洪峰（阿蔡老师）在压力下的行为变化

D-Dominance(掌控支配型)　　I-Influence(社交影响型)　　S-Steadiness(稳健支持型)　　C-Compliance(谨慎分析型)

　　在蔡洪峰的分析报告中，三张表里的 I 特质最高，表明他性格乐观开朗，善于沟通，有较强的说服力，富有创造力，在解决问题时，可以想出有创新性的解决方案。在压力下，D 特质升高，表明遇到压力时，他会变得更加果断，提升行动力，聚焦目标，关注结果的达成。

遇见DISC，遇见更好的自己

顺风顺水，遭遇危机

我是蔡洪峰，大家都亲切地叫我阿蔡，我是宁波人，80后，既是一名创业者，又是一名创业导师，定位是创业教练，人生使命是帮助千万名像我一样不安分、敢折腾的创业者成功地创业、创富。

我毕业于浙江大学计算机系，毕业后先后从事系统集成、市场营销、销售管理等工作，曾担任电信旗下百事通商城市场负责人、快抱网商务拓展总监、满座网杭州分公司总经理、美团外卖宁波城市经理、阿里巴巴淘点点南京外卖负责人等职。在供职于各个名企的过程中，我冥冥之中觉得自己并不安于做一名兢兢业业的"打工人"，我一直在思考我的职业路径，到底是成为一名出色的职业经理，还是成为一名无坚不摧的创业者。在我人生的前35年，我从来没有对自己有清晰的认知和定位，这也导致后来遇到了中年危机，那么在我人到中年时，到底遭遇了怎样的危机呢？

2016年9月，安于稳定在知名教育集团担任事业部总经理的我，接到了一通猎头的电话,对方说有个上市公司要成立一个新的 O2O 事业部,邀请我去做事业部负责人,因为我有多年 O2O 从业经历,对方认为我是个非常合适的人选。

那个时候的热钱疯狂涌入教育领域,教育行业的市场前景一片大好,待遇丰厚,百万年薪着实诱人,但是竞争也十分激烈,前后共经历四次笔试、面试,我一路过关斩将,成功杀入最后一轮,就在我以为万无一失,坐等 offer 的时候,我接到了猎头的电话,对方通知我说,在同等资历下,一个比我小 5 岁的竞争对手把我淘汰掉,获得了这个岗位的 offer,我当时如遭当头棒喝,愣在原地。

我万万没想到,一路顺风顺水、遇山开路、遇水架桥、战无不胜的我居然会败在年龄上,我难道从现在开始,就要面对被淘汰的命运吗?我过了 35 岁就得遭遇不断被别人选择和淘汰的魔咒吗?那如果我到了四五十岁呢?我陷入了深深的思考。

垂头丧气,人生谷底

如果说起人生的前 35 年,我无疑是相对比较顺利和安逸的,尽管没有在事业上取得特别突出的成就,但是从农村走出来的我,靠着自己的努力,在杭州买房定居,成家立业,娶妻生子,我以为我这辈子会一直这样安稳地生活下去,但是人的顿悟往往来自于一瞬间的打击,或者来自于对原有认知体系的冲击。原本只存在于网络上和身边人的中年危机,真的来到我身边了,我第一次觉得我此刻正在遭遇的就是中年危机。

我被危机击中了,我不知道该怎么办了,作为堂堂浙大的毕业生,我第一次被别人因为年龄的原因而嫌弃,我无法接受这种心理落差,我脑子里每天盘旋的就是"为什么会这样",我真的没有竞争力了吗?我还有漫长的职业生涯,我该何去何从?

以前的日子,都是我像一位智者一样,给迷茫的朋友排忧解难,但此刻"医者难自医",我找不到排解自己心中疑惑的出口,我甚至觉得自己快抑郁了。

遇见贵人,事业转机

那段时间,我处在萎靡不振、郁郁寡欢的人生低谷,但一向要强的我,从不肯向身边的朋友袒露自己内心的苦闷,因为我一直是正能量的代表,别人看到的我永远是意气风发和自信满满的,如果我说我坚持不住了,我会觉得很没面子,但是我又知道,一直这样下去,我会毁掉自己。这个时候,我想到了一位值得信任的朋友——郭建威博士。

我和郭博士是认识两年多的微信好友,虽然素未谋面,但是一直在微信上互动良多。郭博士博学多才,心地善良,善于倾听,就像我的兄长一样,当我把我内心的苦闷与彷徨跟郭博士说完,他就对我彼时的状态有了初步的判断。他强烈建议我去参加李海峰老师的 DISC 一日商学院,他说很多人因为参加 DISC 双证班学习而改变了命运,海峰老师帮助很多人走出了困境,帮助很多人走向了成功。

虽然对海峰老师的大名早有耳闻,身边也有很多朋友参加了 DISC 双证班的学习,也给我做过推荐,但是我也仅仅是道听途说,他到底有没有像郭博士所说的那样,帮助很多人改变了命运、走向了成功?我在心里画了一个大大的问号。

带着疑问,我开始有意识地关注李海峰老师的课程安排。刚好,在

2016年11月13日,在上海有一场李海峰老师的DISC一日商学院,于是我毫不犹豫地报了名,从杭州赶到上海,参加DISC一日商学院的学习。还记得那是我第一次听海峰老师讲课,作为学霸的我,以前也听过很多课程,但是大部分的老师都是以严肃的知识讲授为主,像海峰老师这样风趣幽默、寓教于乐的授课方式我还是第一次见,所以很快就被海峰老师吸粉了,当时就像一个小迷弟一样,恨不得每天都能听到海峰老师的课程。当我拿到自己的DISC报告、听到报告解读的那一刻,我又一次感受到了DISC的魅力,着实被DISC"圈粉"了。

在参加完DISC一日商学院后,我就被DISC课程深深吸引,我抑制不住学习DISC课程的热情,每天都浸泡在DISC的学习社群里,不断地汲取DISC的营养,不断反思迭代,越学习就越有信心,越学习就越能清晰地了解自己。我是DISC中的高I、高D特质,拥有这种特质的人,喜欢跟人打交道,人见人爱、花见花开,有强烈的目标感,行动力极强,说干就干,非常适合创业。

可是,创什么业?怎么创业?我还是一头雾水。随着对DISC学习的不断深入和实践,我对自己的优势发掘和自我定位越来越清晰,我似乎慢慢找到了"我是谁",也慢慢地清晰了"我想成为谁",我想成为像海峰老师这样,能够帮助别人"发现自己、成为自己"的人。

中年创业,一路逆袭

一旦明确了自己的定位和目标,我接下来的行动就马上清晰起来,毕竟我是浙大计算机系毕业的,毕竟我有着十几年的互联网公司的销售管理经验,尤其是在美团、阿里的历练,让我的管理能力得到很大的提升,这也让我坚定了自己创业的决心。

2017年3月30日,我的第一家创业公司——杭州爱嘉文化创意有限公司正式成立,爱嘉＝爱家,我的初心就是希望通过我的创业,让自己更好地爱自己的小家;通过我创立的事业,爱每一个我能为其创造价值的人。

记得公司成立的那天,下起了大雨,二十多个朋友冒着大雨,赶来参加我举办的第一场活动:非暴力沟通读书会。我们以书会友,用知识的力量影响更多求知若渴的人,让不断学习、不断成长成为我们应对"中年危机""职场危机"等各种危机的撒手锏,因为我知道,只有确定的学习才能应对不确定的未来,才能让我们在面对人生危机的时候保持从容和淡定。这次活动取得了圆满的成功,那场酣畅淋漓的大雨,预示着我的未来创业之路充满机遇,也充满挑战,但我已启程,便无所畏惧。

2017年4月9日,我受朋友之邀,参加第七期杭州互联网社群联合线下沙龙,作为嘉宾,我现场分享了《DISC与团队管理》。第一次对场下60多个陌生人来讲DISC,说不紧张那是假的,但是我不害怕,因为我知道DISC的魅力,我努力把自己和DISC融在了一起,把我的职业经历和DISC理论合二为一,现场好评如潮。我在那一刻找到了我的价值感和成就感,而这种价值感和成就感源于DISC为大家创造的价值,因为我深知,只有为别人创造价值,你才有价值。

2017年4月29～30日,我参加了浙江省企业培训师协会主办的讲师研习王牌营,第一次见到贾波会长和彭建秘书长,记得贾波会长当时说的四句话:"学习是一种生活方式,分享是人生的态度,理解是寻找生命的温度,表达是存在的感觉。"而我学习DISC的过程恰好印证了贾波会长的这四句话:学习DISC让我养成了终身学习的习惯;得益于DISC的独特魅力,我乐于让更多人受到DISC的帮助和启发;同频才能共振,我相信更多对DISC有深刻认知的人能够找寻到人生的使命和生命的意义;而因为对DISC逐渐深入的学习和理解,让我作为DISC受益者,发现自己的使命。

在完成浙江省企业培训师协会为期两天的讲师研习王牌营课程的学习之后,我对浙江省企业培训师协会有了新的认识。浙江省企业培训师协会是由浙江省从事企业教育、培训、咨询的专家、学者、企业培训师共同发起的全省公益性组织,致力于搭建浙江企业培训行业交流平台,提升浙江省企业培训师的价值;服务培训师,打造培训师之家,提高培训师的幸福指数。

看到这里,我忽然想到,这些理念不是跟我的创业初心有相似之处吗?服务好培训师不就是间接服务于每一个企业中的个体吗?我想成为像海峰老师这样,能够帮助别人"发现自己、成为自己"的人,我想帮助更多人通过发现自己的优势,实现自己的人生价值,为社会创造更大的价值。于是,我决定加入浙江省企业培训师协会。

但是,问题来了,浙江省企业培训师协会并不是谁想加入就能加入的,入会要求是培训师必须要有一门版权课程,可是我哪有什么版权课程啊?就在我焦急万分的时候,我忽然想到,DISC不就是我的入会敲门砖吗!

于是我报名了海峰老师的 DISC 双证班,记得刚开始报名的时候,DISC 华东馆的王小芳馆长还开玩笑地跟我说:"你是不是就来拿两个证,因为你已经无证上课很久了。"我严肃地说:"我是真的想跟海峰老师系统地学习 DISC,帮助更多的人更好地发现自己、成为自己。"

人到中年,最怕认真,为了自己的创业初心,为了自己的人生使命,我知道自己开始认真了:上课时,我像小学生一样认真听讲,不懂就问;下课后,我和同学们积极复盘,快速蜕变。我发现那个曾经热爱学习、积极向上的自己回来了,我找到了那个丢失已久的自己。这是我除了课程学习之外的最大收获。

当然,最重要的是,经过我的刻苦学习,我拿到了用辛勤汗水换来的考核合格的 DISC 授权讲师和咨询顾问双证,成功加入浙江省企业培训师协会。

从此之后,我的创业之路全面打开,我的职业生涯开始走上坡路。我不断地给创业者、企事业单位员工等分享 DISC,同时不断地举办读书会,很快就在杭州乃至江、浙、沪有了一定的名气和好口碑,我也深深知道这是海峰老师的 DISC 给我带来的能量。

在我被各个单位邀请授课的过程中,我也不断扩大在浙江省企业培训师协会的影响力。很快,我就被浙江省企业培训师协会聘为副秘书长。

2018 年,我协办了"中国好讲师"杭州赛区的比赛,同时主持了 2018 年第二届"我是演讲家"大赛全国总决赛,获得了最佳风范奖。因为海峰老师的 DISC 国际双证班,我结缘了秋叶大叔,2018 年 5 月 5 日,我给秋叶大叔举办新书《社群营销》杭州签售会,吸引了 150 个朋友参加,活动取得了圆满成功。在 2016 年 11 月 13 日的 DISC 一日商学院里结识了龙兄,2018 年,我跟龙兄合作的龙兄演讲沙龙的参与者超过了 200 人,创造了参与活动人数的最高纪录,跟龙兄合作的《龙兄演说杭州私房课》的学员突破百人。在 DISC 国际双证班,我认识了五维教练领导力创始人陈序老师,我们一起合作举办过多次沙龙活动,而且我还担任了五维 M22 班联合班主任,创造了当时的招生纪录。

你看,人生就是一场奇妙的旅程,当海峰老师在我心中种下 DISC 这颗种子的那一刻,就注定了这颗种子在我的创业土壤中生根发芽。

从 2019 年开始,我通过对 DISC 不断深入的学习和在浙江省企业培训师协会的不断积累,不断扩大自己的学习边界,也不断升级自己的创业思维。2019 年,在海峰老师成就他人理念的影响下,我通过系统课程和创业实践,成功帮助 500 人实现年人均副业收入增长 10 万元以上。也许这个增收对于有些人而言是微不足道的,但是对于我所帮助的人来说,却是一笔不小的额外收入,也让我逐渐对知识付费和社群变现有了新的认识,并对帮助更多人在这个新领域创业、创富产生了极大的兴趣。

在创业摸索的过程中,我接触到各行各业的创业者,发现了创业者的共同痛点:缺人脉、缺资源、缺方法、缺圈子。那么,到底怎么才能解决这些问题,实现创业成功呢?要知道,创业一定是有方法论的,最近两年,我花了大量的时间去学习创业方法论,参加杭州市就业管理处组织的连续十天的 SYB 培训(网络创业培训),学习吴玲伟的创业、创新教练,参加樊登的低风险创业营等等。我还在杭州职业技术学院为 500 多名大学生讲授创业课程,参加杭州市第三届共创式生涯教育发展课程与项目设计大赛,并荣获金牌项目导师荣誉称号,并因此被评为"杭州市创业导师"。

正如故事开始介绍的,我既是一名创业者,也是一名创业导师,为了帮助创业五年内的创业者更好地创业、创富,为他们进行人脉赋能、资源赋能、方法赋能和圈子赋能,我成立了杭州创业、创富联盟。杭州创业、创富联盟秉承"抱团创业、合作共赢、共同创富"的理念,通过举办创业沙龙、名企游学、创富茶会、会员互访等多种活动,为创业者提供一站式创业赋能服务,为创业者提供多元的学习机会和跨界的合作机会,打造为创业者彼此连结而产生价值的有温度的社群。

创业已五载,人生品百味,作为一名创业者的我,深知作为一名创业者的艰难与孤独,也深刻体会到创业者在面对未知时的迷茫与恐惧,但是,创业者既是孤独的,也是勇敢的,一旦踏上创业这条路。就会一生都在路上。正如海峰老师曾经在我人生迷茫时给我点亮一盏灯,我也希望自己能像海峰老师那样,帮助更多的创业者,在他们孤勇前行路上点燃一盏盏希望之灯,让他们知道他们并不孤单,让他们知道我可以陪伴他们,携手向前,向世界证明我们的勇敢,在一次次挑战和奋战中,发现更棒的自己,成为更好的自己。

我,阿蔡,80后创业者,有个小小的梦想,就是赋能10万创业者,陪伴他们终身成长,帮助他们成功创富。我会带着创业者们,一路向前,永不后退,因为——这是我的人生使命。

第四章

人生有味

人生没有彩排，每天都是直播。
长得漂亮是优势，活得漂亮是本事。

——DISC+社群

人生有味

人生没有彩排,每天都是直播;
长得漂亮是优势,活得漂亮是本事。

《没有娱乐精神的人,人生不值得》
作者:泊明

如果让你票选人生中最遗憾的事,你会选择哪件事?
通过一篇文章与大家聊聊,如何用娱乐化思维、快乐至上的精神,让人生变得更好玩、更快乐,也更有意义。

《我和我的"超能力"》
作者:高超

生命有时是场等价交换。
爱非坚持,把简单的事情做到极致。
下一个十年,人生往何处去?
力量的终极来源是用生命影响生命,
向光而行,脚步不停。

《疫情时代,四步走出理想生活》
作者:刘碧娜

情绪管理-目标管理-碎片管理-热爱学习
用四步法过上想要的生活。

《从国企职员到阅读疗愈师,用读书打造π型人生》
作者:刘红梅

感受中年危机,未来何去何从?
打造π型人生,转换思维,让中年危机变中年机遇。
拥有终身成长的心态,刻意练习,成己达人。

《健康,是一辈子的福》
作品:史喧凡

生命是个整体。听!身体会说话。
对健康负责就是对自己负责。
唤醒身体的神奇力量,
让健康成为最大的幸福。

泊明

DISC+授权讲师班A13毕业生
《娱乐化思维》作者
熊猫传媒合伙人
暨南大学新闻传播学院创业创新导师

扫码加好友

泊明 BESTdisc 行为特征分析报告
ICD 型

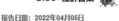

报告日期：2022年04月05日
测评用时：07分52秒 (建议用时：8分钟)

BESTdisc曲线

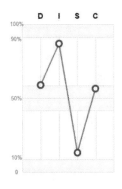

自然状态下的泊明　　　　工作场景中的泊明　　　　泊明在压力下的行为变化

D-Dominance(掌控支配型)　　I-Influence(社交影响型)　　S-Steadiness(稳健支持型)　　C-Compliance(谨慎分析型)

在泊明的分析报告中，三张表里的 I 特质最高，表明他擅长人际交往，性格乐观积极。在工作中，他的 D 特质有所降低，S 特质有所提升，表明工作中的他会更加关注他人的感受，不会过度苛责，通过轻松愉快的表达方式影响他人。在压力下，D 特质提升，表明在有压力时，他会更加聚焦目标，关注结果的达成。

没有娱乐精神的人,人生不值得

如果让你选人生中最遗憾的事,你会选择哪件事呢?

我在网上看到一个网民票选的"人生十大遗憾之事",排在第一名的是"未能珍惜年少时光,考入好大学,以致此生碌碌无为"。对此,我并不赞同,因为很多人没有考入好的大学,但也未必就碌碌无为,他们的人生反而因为跌宕起伏的情节而更加精彩。很多时候,一帆风顺的人生才略显无趣。在那些成功人士的自传中,哪一个不是将磨难作为成功后的谈资呢?

所以,如果要我来选,我会选人生最遗憾的事是"没有尽力尝试更多让自己快乐和满足的事"。因为对于人生来说,没有什么比能够获得快乐更重要的事了。不快乐也是一生,快乐也是一生,为什么不选择让自己快乐一点呢?

心理学家弗洛伊德的人性假设理论认为,人无非就是趋利避害或趋乐避苦,趋利避害最终也是一种趋乐避苦。美国思想家爱默生说:"一个人对世界最大的贡献,就是让自己快乐起来。你快乐一分,这世界的灾害就减少一分。"

现在说起来,人人都在趋乐避苦,似乎是一件很容易理解的事,但是明白这个道理,我却花了三十年的时间。我把自己对快乐的认识写成了两本书——《所有营销都是娱乐营销》《娱乐化思维》,试图去讲明白快乐这件事对于商业、对于营销有什么价值。

我讲营销、讲商业,其实也是在讲人生。对于一个人来说,如果你能够给周围的人带来快乐和满足,从而经营出几段能够传为佳话的关系,这可能就是你人生最大的价值了。

借这个机会跟大家聊聊,如何用娱乐化思维,也就是快乐至上的精神,让我们的人生变得更好玩、更快乐,也更有意义!

越做作,越不快乐!

哦,忘记做自我介绍。大家好,我是泊明。

看到这个跟娱乐毫不相关的名字,你们一定会有点好奇,因为"泊"这个姓少到连姓"泊"的人都会觉得稀奇。我曾经在新浪微博上遇到一个姓泊的网友,他非常激动地给我发私信:"我终于见到一个同姓的本家了!"当时的我非常没有娱乐精神地回他:"对不起,我不姓泊,其实我姓王。"我到现在都能想象他当时的失望,也为自己的直接感到懊悔。

我曾经一直是一个不太有娱乐精神的人,这从我的笔名"泊明"就能看得出来。泊明,"淡泊以明志"的意思。一个人在二十多岁的时候,就很佛系地给自己起了一个"淡泊以明志"的笔名,你说这个人得是多么做作、无趣!

已故香港著名文化人黄霑先生,也曾就这个笔名给我委婉地提过意见。霑叔是我在《南方都市报》担任娱乐专栏编辑时的作者,是我亦师亦友的知己。

2003年的国庆节,我邀请霑叔来广州参加读者见面会。晚上,他在广州东站附近的凯悦请我吃晚饭,席间,他问:"泊明,你为什么要给自己起一个,寓意'淡泊以明志'的名字?"面对一个德高望重、受人敬仰的前辈问你为什么要"淡泊以明志",似乎很有一种无病呻吟的做作感,我只能非常不好意思地说:"只是当成一种勉励吧!"

霑叔说:"你二十多岁要什么'淡泊以明志'呀?我六十多岁了,还没'淡泊以明志'呢?"当时,霑叔刚刚在香港大学获得博士学位,还在香港开了两场演唱会。

面对一个六十三岁了还如此上进的前辈,一个二十多岁的晚辈却号称要"淡泊以明志",实在有"为赋新词强说愁"的矫情。

霑叔的话对我影响极大,我反复琢磨他的话,不断翻阅他送我的《浪荡人生路》《不文集》等书,听他送给我的碟,回味他临终前一周发给我的 15 页传真中的字字句句。我试图从这些文字和音乐中,找到激励他六十三岁仍孜孜进取的精神动力。

最终,我从霑叔的文字、音乐里找到了答案:那种驱动他不断跨界、不断前行的动力,应该是娱乐精神所带来的快乐,一种快意一切的人生态度。

霑叔在《浪荡人生路》中忆述,他与功夫巨星李小龙是校友,平时打架打不过李小龙,只能趁他上厕所尿尿时偷袭,那是一种年少时的快意恩仇;霑叔在记述自己的工作压力时,曾说 deadline 是最好的"催产婆",在王晶导演给出的最后期限前,他巧改古曲《将军令》,写出了传世经典《男儿当自强》,那是一种可以把所有压力和不愉快变成快乐的能力。

男女之事在很多文化人看来是难登大雅之堂的,但霑叔在他送我的那本第 61 次再版的畅销书《不文集》中,把很多人眼中的不雅之事写得兴味盎然,那是一种不畏人言、不落窠臼、自得其乐的娱乐精神所带来的快乐;看他在影视作品中释放天性、演绎各种妙趣横生的角色,那又是一种恨不得体验不同人生的娱乐精神。

于是,我的困惑又来了:到底什么是娱乐?什么才是生活需要的娱乐精神呢?

会娱乐,更快乐!

因为从事娱乐报道,外加后来踏入影视娱乐业的缘故,我对娱乐业的理解不再停留在八卦新闻上,而是更加深入。

尤其在有了娱乐作品的营销经验之后,我突然发现自己对于商业价值的认知被颠覆了。我们都习惯了买票看电影、看演出、听音乐会,但你有没有想过:为什么这些完全没有什么实际用途的东西会值钱呢?

我说的实际用途,是指娱乐作品不能像杯子一样装水,像螺丝刀一样拧螺丝。没有娱乐作品,我们的基本生活也不会有什么影响。既然如此,为什么我们愿意为它们花钱买单呢?能够卖钱,就意味着有商业价值,那么,娱乐的商业价值体现在哪里呢?

换成用户视角来看,用户愿意掏钱,一定是在有实用性的需求之外,也有娱乐性的需求。随着技术的进步和物质的丰富,我们越来越追求满足娱乐性的需求,而把那些有实用性的需求视为理所当然。

仔细想想,你买冰箱的时候,还会问冰箱的制冷情况好不好吗?这是一个最基础的功能,不需要去关心,你关心的是,这个冰箱的款式好不好看,颜色是不是你喜欢的,品牌能不能符合你的身份,而这些都跟功能无关,只跟你觉得是否快乐有关,这些就是娱乐性的需求。

经济学上有一个有趣的说法叫"幸福的拐点",是说一个国家的人均GDP达到8000美元之后,人们的幸福感就不会再随着经济的增长而提升。也就是说,从这个拐点之后,人们的幸福感不再取决于经济收入,而是更多地追求一些心理和精神层面的满足,这个其实就是我们所说的娱乐性需求增加。按照这个说法,中国人的幸福拐点在2016年就到来了,这一年,中国的人均GDP已经达到8676美元,我们到了幸福的拐点。

还记得,几年前央视有个关于"你幸福吗?"的采访吗?为什么很多人觉得自己不幸福?因为你可能过了幸福的拐点,物质的、功能性的东西已经无法给你带来更多的快乐了。这个时候,你会增加一些娱乐或泛娱乐的消费,比如旅游、看电影、看演出、登山、探险等等,这都是物质满足之后的美好生活。

这个现象给我们的商业启示是,你的产品和服务如果仍旧关注用户对于实用性的需求,一定不会成为一个特别畅销的产品,最多只能低价促销;

如果你的产品能够关注用户的娱乐性需求,让用户生活得更美好,用户因此变得更满足、更快乐,你的产品一定会受到用户的追捧。

想想当年的诺基亚手机,在打电话、发短信这个功能上,它完全能够满足我们通话、发信息的需求。到了苹果手机问世,从未强调自己通话的功能有多强,甚至很多人觉得苹果手机的信号弱,恰恰因为苹果手机主打的不是通话功能,而是娱乐功能,它能够上网冲浪、玩游戏、听音乐,能够彰显使用者的新潮,它让拥有这个手机的人一下子觉得生活可以如此美妙。所以,苹果手机一度成为一种潮物,迅速赢得了年轻用户的心。

如今,越好玩的产品越受欢迎,已经成为一种很普遍的商业现象,比如泡泡玛特,其实就是在主打产品、服务或者营销方式的娱乐性。

你的产品和服务会娱乐,用户就会更快乐,你也会因此更快乐。

你看,因为用户不仅对实用性有需求,更对娱乐性有需求,所以,关注产品是否实用,你只能做出质量更好的产品;关注产品的娱乐性,你就有可能做出用户喜欢的、畅销的、与众不同的产品。

我把这些研究心得放到了我的新书《娱乐化思维》里,我想帮助更多的企业和个人,让他们都因为会娱乐而变得更快乐。

有趣有时候比有用更重要,做人又何尝不是呢?

娱乐就是创造美好生活的意义

你可能会有疑问,我研究的是一个商业问题,跟你们个人有关系吗?当然有,而且是很强的关系。

首先,当你明白了我讲的这些道理之后,你会清楚地知道自己为什么鬼使神差地买了一个你根本不需要的商品。尤其是女生,回去看看你的衣柜、鞋柜和橱柜,是不是有很多衣服、包包、鞋子和小厨电,它们可能躺在柜子中,很久没有被使用过了。既然这么没用,那么当时你为什么买了它们呢?

从营销的角度来说,让用户冲动地购买,让用户在购买或拥有的那一刻感受到快乐,这就是关注用户的娱乐性需求,成功对用户做了娱乐营销。

没错,如果你喜欢冲动式购买,你就是那种感性、喜欢快乐、追求美好生活品质的人。

嗯,现在你可以为你喜欢购物找到一个非常正当的理由了——因为你是一个追求快乐、懂得美好生活的人!

而对于商家来说,你需要做的营销和创新工作就是,把你的产品当成作品来看待,这个作品是一种参与创造用户美好生活的作品,让用户的生活因此变得更美好。

作为一个营销老师和营销顾问,我的工作就是告诉商业人士,如何让你的产品成为创造美好生活的作品,为用户的生活带来美好和快乐。这工作是不是挺有意思的?

我是怎么做的呢?跟大家分享一下我对娱乐的理解。懂了这一点,即便你不需要创业,你的生活也会因此有意义、更快乐。

我是这么理解娱乐的,娱乐就是我们对生活的一种深加工,这种深加工可以称之为创意。很多人不明白创意到底是什么,可以这么说,创意的终极目的是为了让用户从中获得快乐和满足,所以,娱乐业可以称之为创意产业。

于是问题就来了:该怎么创意呢?

接下来,我通过为创意下定义的方式,让你快速成为一个创意达人。这可是很多做创意产业的人都不曾了解的定义,是我的原创。

创意,从字面上来看,"创"就是创造的意思,创造什么呢?创造"意"。

那"意"到底是指什么呢?

"意"就是能够让人获得快乐和满足感的东西。能让人感受到快乐和满足的"意"有两种,一种是意思,一种是意义。

意思,就是趣味性。我们常说,这个创意有意思,其实指的就是创造出了趣味性。

什么能够让我们觉得有意思呢？

新、奇、特的东西可以产生趣味性，因为它们能够满足我们的好奇心。另外，故事性、戏剧性、艺术性的内容，也能够带来趣味性。

意义的内涵要复杂很多。简单来说，它是能够给人带来归属感和优越感的东西，比如，主题、情感、美感、价值观、潮流等等。在我的《娱乐化思维》这本书中，关于创意有更为详尽的解读。

所以，创意，就是创造意思和意义。

知道了这个定义之后，即便你还没有学会创意，也可以用这个标准去评价很多所谓的创意是否真的有创意。

娱乐业之所以被称为创意产业，是因为创意本身就是在创造能够给人带来快乐和满足感的东西，这就是娱乐，就是意义。

今天，几乎所有的产品、所有的行业都需要制造娱乐性、创造意义。存在于商品和服务中的娱乐和意义，才是商品打动用户、让用户痴迷的原因所在。而我的工作，就是帮助企业去打造产品和服务中的娱乐性和意义，从而让你的产品和服务成为创造美好生活的作品。

而这些，也刚好成为我人生的意义，让我感受到快乐！

用力地寻找意义，才是生活的意义所在

人生的意义到底是什么？最有启发性的答案是：人生的意义就在于我们努力寻找意义这件事本身。

不曾认真地生活过，不曾用力地去寻找意义的生活，就是无意义的。

最近在一个节目中，我看到一个老人说过这样一句话，让我深受感动。

主持人问他,为什么你能从吃这件事中找到那么多意义,说出那么多道理呢?他说:"用力地认真生活,不要蜻蜓点水。蜻蜓点水,你永远是个消费者;用力地认真生活,你才能成为一个输出者。"

想想,你对自己的生活认真吗?用力吗?

我努力、认真地生活,探寻每个商业现象背后的娱乐性动因。在我的世界中,每一笔交易背后都有快乐体验和满足感。所以,我常说商业就是快乐之道,每一笔交易都应该让交易双方从中获得更多的满足和快乐,这就是我们对商业应该有的信仰,也是我的娱乐化思维的核心!

它不仅关乎商业,同样关乎我们每一个人。我们人生中的每段关系、每一个沟通场景,都像是一场交易。我们付出,我们收获,在付出与收获中,我们希望获得快乐与满足。

所以,如果一段关系中只有一个人感觉到快乐,那就一定不是一段良好的关系;而你的付出如果得不到快乐回报,那这个付出也一定不会长久。

从这个角度来看,人际关系也同样需要娱乐化思维,知道对方的娱乐性需求是什么,才能发展一段双方都能获得快乐与满足的社交关系。

所以,如果你对自己目前的社交关系不满意,或者对自己目前的创业不满意,都欢迎你来看看我的《娱乐化思维》,或者向我咨询。让我们一起学会娱乐,学会追寻生活的意义。

会娱乐,更快乐!

相信我!

高超

DISC+授权讲师班A10毕业生
时间管理践行班发起人
目标陪跑教练
见行丝路｜戈壁徒步挑战赛总教练

扫码加好友

高超 BESTdisc 行为特征分析报告
CS 型

DISC+社群合集

报告日期：2022年04月01日
测评用时：06分13秒 (建议用时：8分钟)

BESTdisc曲线

自然状态下的高超

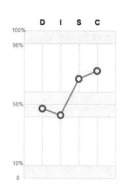

工作场景中的高超

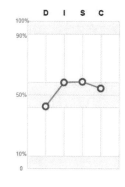

高超在压力下的行为变化

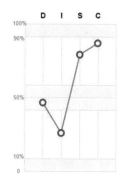

D-Dominance(掌控支配型)　　I-Influence(社交影响型)　　S-Steadiness(稳健支持型)　　C-Compliance(谨慎分析型)

在高超的分析报告中，三张表中的 C 特质相对较高，表明他平时是一个严格要求自己、善于制订计划或流程的人。在工作场景中，他的四种风格相对一致，表明在工作中，他是一个多面手，既能关注事情的结果，又注重人的感受。在压力下，他的 C 特质和 S 特质明显提升，表明有压力时，他会更加深思熟虑，关注细节和品质。

我和我的"超能力"

2021年4月17号,在结束西安场的时间效能公益分享后,我下楼准备去机场,却意外而又感动地发现,70多岁的伍阿姨竟然打车20多公里赶来会场。她说:"高超老师,我想送你去机场,在路上和你聊聊天。"这样的信赖或许是因为在她70岁时,我陪她穿越了108千米的戈壁无人区,实现了她在有生之年去戈壁看日出的梦想。很多人说,"超哥,你是不是有超能力啊?以前我连想都不敢想的事,遇到你后都实现了"。我仔细一想,好像还真是。一路走来,我在自我挑战中,不断解锁了时间管理、生活平衡、用生命影响生命等一项又一项技能,收获了让我受益一生的"超能力"。

生命有时是场等价交换

初识我的朋友大多不敢相信,现在能轻松、自如处理创业和生活的我,曾经是个工作狂。

23岁那年,我刚参加工作,一个人拖着行李箱,第一次离开家乡云南,独自上了开往深圳的火车,踏上未知的路途。说实话,我当时非常兴奋,都说南下广州、深圳,机会很多,而且能挣大钱,这对于长期生活得紧巴巴的农村孩子来说,是多大的诱惑啊！虽然当我领到第一份工资,就立刻激动地在电话里对爸妈放出豪言壮语:"咱现在挣钱了,以后让你们过好日子!"但事实上,这个大城市看起来遍地是钱,可初出茅庐的我却只能为填饱肚子而辛劳工作。

在公司里,我没有商业背景、没有职场经验、没有读过对口的专业,每天都感到不够自信。这个看起来充满美好希望的新起点,对当时的我而言,每天都得找到力量,才能去做好原本就不喜欢的工作。

努力再努力,我咬牙争取把每一件小事都做好,多干事,少说话,用200%的努力换取那一个突破的机会。终于,在一年半后,在完成了一台特别复杂的数控设备整机组装后,我紧张地待在车间的一个角落,等着宣布设备检验调试的结果。这时,我们工厂那个以高标准、挑剔闻名,多次针对我找茬,又一直看不起我的领导突然把我叫住,当我心生不爽,抬起头时,却听到他对我说:"小高,我就是想告诉你,你很棒,你的工作做得非常出色。"

我依然清晰记得,在听到这句话的那个瞬间,哪怕只是站在一个小的角落,我却感觉像站到了舞台中央一样充满了力量。听起来似乎有些矫情,但是对于背井离乡、刚刚进入职场的我来说,**力量,是从别人的认可所带来的自信而生发出来的**。

因为这份力量所带来的自信,我从一个忙碌的优秀员工,快速成长为一名创业者。

创业并不轻松,我的工作、生活有了很大的变化。最大的变化就是从之前的忙碌,变成了忙乱、无序和焦虑。每天都激情满满向前冲,而发际线越来越后退。经常熬夜到凌晨三四点,生活中充满了加不完的班、开不完的会,恨不得1天有48小时,我觉得时间根本不够用！一个精神小伙奔跑在变成油腻大叔的路上。

那个时候,我真希望自己有超能力,可以拥有更多的时间。为了做好时间管理,我买了很多这方面的书和课程来学习。在花了大量的精力和费用(光学费就超过20万),学习了很多的时间管理方法之后,我果然解锁了第一个超能力——时间管理。做事效率更高,做事质量也更高,我成为身边人羡慕的时间管理高手。我感觉自己像个身怀绝技的赛车手,随时把油门踩到底,高速行驶在事业发展的赛道上。

然而,在不断追求提高做事效率的过程中,新的矛盾又出现了。效率的提升,让我陷入了倍速生活,生活仿佛被按下了"快进键",从早到晚,我犹如一个停不下来的陀螺,就像看剧,把速度调到了 2 倍速。虽然高效,但不能否认的是,人到中年,体力、精力都越来越跟不上工作和生活的需要。为了生计,我将大部分时间投入到事业发展上,所带来的结果是身体健康受损、家庭关注度低。我发现,原来废掉一个人最好的方式,就是让他忙到没有生活、没有爱好、没有心之所向的梦想。

矛盾最激化的时候是在母亲住院期间,那一次,母亲生病住院了 6 个月,母亲在医院遭受病痛折磨,我看着心疼,可是公司还有一大堆事需要处理,我没法不忙乱、焦虑!事业与家庭严重失衡。这让我深刻认识到,用生命和健康获取短暂的效率和成功,终究会对生活失去掌控。

那么,有没有一种超能力来平衡事业与家庭,应对失控的工作和生活,重新找回掌控感呢?

爱非坚持,把简单的事情做到极致

当我察觉对生活和工作失去掌控时,我无意中看到的一句话点醒了我,"掌控早晨,方能掌控人生"。"掌控"两个字,深深地吸引了我,于是,我**痛则思变,抱着试试看的想法,决定开始坚持早起。**

我给自己制订计划,每天 6 点前起床,但没想到,早起容易,坚持早起太不容易!满怀激情开始早起,到第 7 天早上,早起计划就宣告失败:迷迷糊糊中被闹钟叫醒,可实在太困了,就按掉闹钟,心想再睡个 5 分钟,结果等再次醒来,已经 9 点多了。这个情景,很多人应该都熟悉。

为了做好这件事,我调整了自己更多的生活习惯,比如,养成午休的习惯,用早起倒逼早睡,形成规律的生活作息。我咬牙坚持下来的简单的早起,没想到坚持做到极致,会给我的人生带来如此巨大的改变:早起优化了精力管理,每天都能量满满;早起干掉了拖延的毛病;早起让我有了更多的独处时间,可以更好地做计划;早起帮助我更好地去调用时间管理的方法、工具,更高效地完成每天的计划;早起给我更多精力去关注除了工作以外的生活,让我有了更多时间去陪伴家人。

早起让我专注、保持高效,却没能让我躲过中年的巨大压力和焦虑不安,甚至有一天凌晨 4 点多,我站在天台上,很想一跳了之。当医生告诉我"你有抑郁症状"时,我问自己:"人生的下半场真要在吃药丸中度过吗?中年危机后面还有责任,你怎么逃?生活千难后面还有万难,你怎么办?"想了很久,我决定隐瞒病情,把药丢掉,开始跑步,决心用早起和我讨厌的跑步,狠狠回击这该死的中年危机。每次跑到精疲力竭时,我都咬牙往前多跑 100 米或 200 米。

通过早起和跑步,我从被时间追赶着,变为自如地掌控时间。我完成了看似不可能完成的挑战——跑完半马、全马、环滇池 127 千米、超级马拉松、穿越 108 千米戈壁无人区。在一次意外获得上市公司价值千万的合作订单时,对方老总说:"看你一直坚持早起、跑步,我相信你用这种精神来经营的团队和产品,我觉得你靠谱。"

靠着把一件小事坚持、持续做到极致的效能思维,我先后形成了"不依赖意志力的习惯养成法"、两套"极简精力管理模型""优化时间管理三大效能系统""八大关注生命平衡轮",帮助自己和他人把健康、高效的习惯和生活方式结合起来,从追求效率到关注平衡与效能。

下一个十年，人生往何处去？

2018 年，我步入了创业的第 6 年，那时，在一个行业耕耘超过十年，虽谈不上功成名就，但事业也算未来可期。我开始诚实地问自己，下一个十年准备怎么过？迷茫吗？还有梦想吗？

我的答案是，我不知道，我还迷茫，似乎还有梦想，但它正日渐模糊。

我时常会想起母亲住院的场景。那年大年三十，我在母亲的病床边贴上了对联，还贴上了一个"福"字。在医院的门口放完鞭炮后，回到病房里，呈上我亲手下厨的饭菜，邀请病房的阿姨们跟我们一块吃这顿特别的年夜饭，也希望这些仪式感，能让母亲心情好些，早日康复。

让我这辈子都难以忘记的是，母亲坐在病床上，一边吃饭，一边泪流满面。旁边的两位老太太，也是边吃边流泪。我看着她们嘴角挂着微笑，就像是在家里过年一般，突然我的眼泪也在眼眶里打转，内心满是说不出的滋味，还有一股无比强大的能量，那来自于陪伴。

我问自己，都说陪伴是最长情的告白。而在现实中，我们对父母的陪伴又有多少呢？

在医院照顾母亲 5 个月，算起来比我 10 多年来陪伴老人的时间要多得多。这是一个多么扎心的对比。我们总以为来日方长，以为等有了时间，还有下一次。可是，如果按人均寿命 75 岁算，人生不过短短的 900 个月，画一个 30×30 的表格，一张 A4 纸就足够了。假如父母能再活 30 年，儿女平均每年回家 1 次，每次 5 天，减去应酬、吃饭和睡觉的时间，能陪伴父母的时间只有 1 个月。

那天晚上，在母亲睡着以后，我站在医院病房的窗前。午夜泛白的灯光打在她的脸上，望着病床上的母亲，那一刻，我发现她老了。这也让我意识到：**孝心与孝行之间存在巨大的距离，这个距离就是——时间**。

我的脑海中立马浮现了 4 个字——"孝行陪伴"，我立刻用一秒钟的时间把它记录在我的梦想清单里，这 4 个字成为改变我人生轨迹的支点。

我把"孝行陪伴"写进我的梦想清单,并在半年内实现。考虑再三,我决定从深圳搬回云南,更好地照顾父母、陪伴家人。这样可以在父母慢慢老去的过程中,用下一个10年付出陪伴,同时在孩子慢慢长大的过程中,用下一个10年去陪伴。

这并不是一个对事业更有利的选择,几乎所有的人都反对我做出这样的决定。那时,我的确陷入两难:成年人的世界从没有两全其美,尤其是家庭和事业。但我们为什么要拥有时间?终极目标不就是实现人生的平衡与幸福吗?我们都值得一个家庭、事业、财富、社交、旅行、学习全面平衡的人生。

6个月后,在事业和家庭之间,我找到了第三选择。通过在公司团队落地早起文化,应用时间效能管理,实现了高效协作。而我则回到云南生活,1个月去一次公司。至此实现了朋友们羡慕的左手高效能、右手慢生活的超能生活。

力量的终极来源是用生命影响生命

我看到真实的世界里,太多人因为没时间,无法陪伴父母,于是我又做了一个大胆的决定。

为了影响和帮助更多人去陪伴和孝敬父母,成为"孝行陪伴"的践行者,我创建了"时间管理践行班公益社群",帮助更多人从实践时间管理方法,升维到践行健康、平衡的生活方式。

我们经常说,学习是为了遇见更好的自己,但有没有一种可能,学习本身就是美好生活?让每一次学习知行合一,从知道到做到,在学习中感受到快乐和成长,活出梦想中的自己。

我选择和社群伙伴们结伴成长。

想要获得更高效能的时间管理,那就要拥有更好的精力管理,于是,我们用三大效能系统,简单、有效地掌控时间;我们用两个精力模型,持续拥有超强能量;我们用一个教练心法,以生命影响生命。过好这 1 天,你就能过好 100 天、过好 1 年、过好这一生。

在这里,大家从早起开始,慢慢养成习惯,再升级为不依赖意志力就可以延伸的习惯,用 n＋1 的方式去撬动并复制其他习惯。大家开始在每天早餐前,就掌控好一天的美好生活,同时善用时间管理的方法和工具,做好精力管理。尽管这个世界告诉我们一个不争的事实:在追求快速成功与倍速生活的信息时代,很少有人真的能慢下来,但让我和我的社群骄傲的是,我们用 100 天时间,从践行早起开始,做到了平衡生活和改变。

很多人在这里告别了"运动困难症",再不会精力不够;干掉了"重度拖延症",再没有晚睡晚起;告别了"深度焦虑症",再不会觉得"事情总是做不完"。

在这里,我发现自己拥有了帮助更多人改变的"超能力"。尽管在现实的大环境下,一个人做免费的践行社群很难,常常感到自己被一点一点地消耗,筋疲力尽,也曾想过放弃。可每当觉得自己快没"电"的时候,就闭上眼睛回想陪伴他们的点滴:

回想起,他们从"早起困难户",到坚持践行 1000 天,他们说要跟着我"10 年如一日,连续 3650 天早起"的自信和笃定。

回想起,从来不运动的跑步小白用我的方法,第 1 次跑步就完成 5 公里时,他们惊喜的尖叫声和脸上洋溢出来的愉悦感。

回想起,带着孩子们在戈壁徒步,他们走不动、一路哭时,我曾激发和帮助他们走完后,他们亲切地叫我"大树教练"。

回想起,我去深圳出差时,正好赶上了台风"山竹",被困在深圳,那些跟我一起践行过的小伙伴,冒着台风也要赶来与我见一面。台风结束后的第二天早上,我带着他们去晨跑,我们跑了 13.14 公里,我在想我们有一生一世的缘分。

每当我想到这些画面时,就又有了力量。

相比我分享给他们的方法、技巧,更有价值、更有温度的是陪伴。我想,这是力量的终极来源,来自于面对变得更好的真实生命。

向光而行,脚步不停

生命无法被描述,只能去经历,走过长路才发现,原来陪伴才是我拥有的终极超能力。

回看这10年,我通过践行时间效能,实现人生平衡;回看从800米开始跑,5年内在38个城市跑完了100场马拉松,并辅导150多个伙伴跑完马拉松;回看9次穿越戈壁无人区,陪伴500多人实现在戈壁无人区徒步108千米的梦想。我想用超能力陪伴你,从知道到做到;陪伴你,从早起开始,用心法驾驭方法;陪伴你,去追逐并实现曾经的梦想;陪伴你,用有限的时间,探索人生的无限可能,去规划一个值得拥有的健康、平衡的人生。

亲爱的朋友,欢迎加入万人早起行动计划。在这里,会有10000个人对你说早安;在这里,会有人陪你解决生活的忙乱。

生活不易,但有人陪你。陪你,在100天里遇见更好的自己;陪你,用行动致敬并拥抱梦想;陪你,在每一个早起的日子里向光而行,高效地感受每一天的美好,健康、平衡地过好这一生。

茫茫人海,感恩遇见,始于早起的故事,我愿陪伴你一起继续。

刘碧娜

DISC国际双证班第79期毕业生
胧爱文化集团特聘讲师
《破局》合著者（当当网双十二新书总榜第1名）
《中国培训》杂志封面人物（2021.02）

扫码加好友

刘碧娜 BESTdisc 行为特征分析报告
DC 型

DISC+社群合集

报告日期：2022年01月22日
测评用时：04分52秒 (建议用时：8分钟)

BESTdisc曲线

自然状态下的刘碧娜

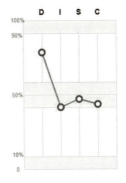

工作场景中的刘碧娜

刘碧娜在压力下的行为变化

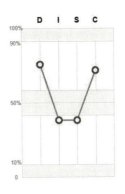

D-Dominance(掌控支配型)　I-Influence(社交影响型)　S-Steadiness(稳健支持型)　C-Compliance(谨慎分析型)

　　在刘碧娜的分析报告中，三张表里的 D 特质最高，表明她在大部分情况下，更聚焦目标，关注结果的达成，有较强的行动力和执行力。和工作场景相比，在压力下，她的 C 特质升高，表明在压力下，她不仅关注结果的达成，同时也注重细节和品质，擅长通过制订详细的计划或者流程的方式，达成既定的目标。

疫情时代，四步走出理想生活

最近，我经常听到一句话，"青春没几年，疫情占三年"。就像很多人说的那样，时光被疫情偷走了。在与疫情共处的过程中，我们的生活都发生了一些改变，以往忙碌是生活的常态，但因为疫情，我们不得不慢下来，在新的节奏中过好自己的生活。

改变，正在发生

以前的我，是一个"抱怨型"的职场人：每天闹钟都闹不醒，每天工作都做不完，每天都要参加没有结果的会议，又不敢请假、不敢旅游，所有的假期都在加班……这些就是我毕业后近5年的工作状态。

我的第一份工作是在一个十八线小城市的一家企业做培训讲师，抱着不改变就会这样过一辈子的念头，我辞职来到一线大城市——上海，进入自己喜欢的领域做社群运营，两份看似千差万别的工作，却有着相似的一面：

1. 工作时间基本上都是24小时待机；
2. 所有节假日都是公司的营销日，别说放假，连正常的休息时间都

没有;

3. 人生好像只有工作,家人生日自己没时间参加,朋友婚礼没时间参加,亲戚家孩子满月没时间参加。感觉自己在生活中像一个透明人,不论是在小县城,还是在大城市,虽然在工作上获得了领导和客户的认可,却没有一丝生活的幸福感。

我意识到这不是我想要的生活,同时为了缓解焦虑,我开始做出改变:

1.2019 年 3 月初,我去苏州参加 DISC 国际双证班,完成专项咨询师的学习和认证;

2.2019 年 3 月,在秋叶大叔"时间管理训练营"学习,从学员做到班委,再到运营成员,最后做到助教老师;

3. 工作上,用一个月的时间创建了线上代运营新品牌,两个月完成公司业务,达到收入最高值,三个月零投诉。

4. 项目完成后,用了三个月的时间,让自己从每天工作到晚上 12 点的"抱怨型"职场人,变成线上异地办公,实现了人身自由,半年时间走过 8 个城市。

我是如何实现以上转变的呢?最重要的原因有四点,跟大家一起来分享。

情绪管理

在创建新的代运营品牌时,自己每天要和近 200 人进行事项沟通,几乎一天工作 18 个小时,微信、平台后台、企业微信、电话及信息不断切换,有的客户会半夜来咨询,当看到企业微信一周小结告诉我"处理工作会话 4080 次,共花了 1901 分钟,最晚时间在周三凌晨 1:00"的时候,我都觉得身心疲惫。

为了解决问题,我认真审视了当下面临的问题:抱怨太多,负面情绪很大;工作时间太晚,导致第二天状态不好,心情也会不太好;与客户沟通时,如果对方态度不好,我的心情会受到很大影响,从而变得非常急躁。

通过自我觉察，我发现每一项问题大多都和情绪（心情）紧密相关。抱怨、心情不好、容易受别人影响，原来是自己的情绪管理出现了问题。

我偶然间听到一句话："如果一个人的情绪没有排解，那么就会道理都懂，但说什么都没有用。"感觉这句话说的就是我自己，道理都懂，却过不好自己的人生。

认识和分析自己的情绪，在心情低落的时候，就告诉自己，负责新项目的开展，说明领导对我的能力是认可的；如果项目成功，在行业中是史无前例的，会产生很大的影响力，一点点增加自己对工作的期待；明确每日的工作时间，不仅可以休息好，也能够在第二天拥有一个良好的状态。真诚地邀请同事来分担非紧急、非重要的工作内容，调整工作重心，以项目跟进为主，聚焦精力在重要、紧急的事情上。

在这里，我告诉大家一个克服"拖延症"、五步拥有好情绪的方法：

第一步，改变自身认知：增加积极暗示，放大优点。

第二步，培养积极情绪：适当休息，适当放松娱乐。

第三步，调节增加动力：分析潜在益处，附加奖励。

第四步，增强自我效能：获得任务掌控，行为评估。

第五步，发挥群体作用：好的群体氛围，特殊激励。

按照上面五个步骤，我让自己恢复了信心，也在一个月后，新项目成功上线，稳定运营，累计创造营收300多万元。

目标管理

完成了新项目上线，但我总感觉这离自己想要的生活还差很远。有人会问：什么是你想要的生活？这个问题很难回答，因为答案会随着年龄的变化有很大的不同。我们或许对于想要的生活可能一时并不明晰，只能确定目前的生活不是自己想要的。

在学习的过程中，我看到了人生九宫格模型。人生九宫格模型，能够帮助人们梳理未来的愿景，以"我"为中心，围绕"健康、工作、财务、家庭、社交、爱好、学习、休息"8大领域设定目标,并让人以鸟瞰的视角,检测目标是否平衡。

我按照说明,画出了工作5年的九宫格图,画完后,这个表刺痛了我——我的九宫格严重失衡！在检测中,我看到家庭和健康是我需要马上去平衡的方向,于是我为自己树立了一个目标:在不影响工作的前提下,实现对家人的陪伴和关注自己！

当下,我产生了一个想法:回家办公。这个决定很难,我取舍了很久,由于领导对我平时的工作比较认可,在多次沟通后,最后达成目标,进行异地办公。这让我实现了2019年最大的改变——从每天工作到12点的状态,过渡为在家办公、实现人身自由的状态。

很多时候,我们不能一下子就拥有一个完整的九宫格。比如,学生的九宫格里主要是学习,步入社会的人的重心是工作,老人的九宫格重心是健康。像植物一样,九宫格的平衡也需要成长的时间,你可以从单格开始起步,比如我的九宫格这时就是从工作开始成长的。

碎片管理

在疫情来临前,我走过了8个城市,完成了从四川到云南的自驾游,把旅游、工作、陪伴家人结合在一起。在此期间,还卓有成效地完成了本职的每日社群运营,同时策划并落地、执行了公司多个城市的线下活动及培训项目。

写到这里,你是不是非常好奇,我是如何同时做这么多事情的呢?

我是一名社群运营者,了解社群运营的人应该都知道,我的工作真的是完完全全碎片化的。

首先,我把工作内容做了系统整理,细化到每周和每天的时间安排,平时利用碎片的时间,进行资料收集。

其次,调整工作方法,从每时每刻看社群信息,调整为在一个时间段内看信息并进行回复处理。

最后，对工作内容做总结。社群运营的好处是可以提前准备和规划，可以直接套用方法，所以即使外出、旅游，也不会影响社群里的工作。

这里借鉴了项目经理经常用的一种方法：WBS 工具。**从目标开始倒推，将完成目标所要做的事情细化，分成一级级独立任务，最终分解到可以在某个时间单元里完成。**

使用 WBS 工具有很多好处：

1. 见效快，如果任务拆解得足够具体、细小，这样完成的压力就小很多，并且容易见到效果；

2. 体验好，这样就可以在某个时间段专心处理一件事，容易瞬间进入工作状态，提高效率；

3. 有成就感，利用碎片时间完成一个个小目标，会给人带来成就感。

秋叶大叔说过："当我们不得不面临和对抗信息时代所带来的时间碎片化趋势时，能够有效利用碎片化时间完成大块工作，是现代人必须建立的一种时间管理能力！"对碎片时间的使用率越高，你能够完成的事项就越多。有人说，在旅游的时候还要处理工作的事情，会不会太影响旅游的心情。但是换个角度来看，你在看美景的时候、吃美食的时候，是开心的，工作的效率也会更高。

热爱学习

2020 年疫情暴发，对很多行业来说是致命的打击，但社群运营因为以线上为主，所以并没有受到太大冲击。提前经历了线上办公模式，在疫情期间反而状态更好。只不过最大的弊端是，小城市的舒适和信息迭代慢，所以必须持续学习，让自己保有竞争力。

一方面，我积极学习专业知识，比如学习 DISC，找到跟他人沟通的方法；学习时间管理，让工作更高效。另一方面，学习让我认识了更多优秀的人，遇见了可爱、有趣的人，也见证了很多伙伴的逆袭和跃迁，学习圈层的磁场也促使我不断向前。

2020年4月,我在微博分享秋叶大叔的"时间管理7堂课"的读书笔记,获得大叔转发,第一次实现微博文章的阅读量超过10万次;

2020年6月,我交付多场百人以上的企业培训;

2020年9月,我学习李欣频老师的"木马查杀师",并成为首批官方授权咨询师;

2021年2月,我成为《中国培训》杂志的封面人物;

2021年12月,我参与写作的《破局:成为有优势的人》上市;

……

疫情三年,我收获了成长,也积累了很多经验,最重要的是我始终保持了出征的心态,努力平衡好自己的人生九宫格。

过上想要的生活难,也不难,拥有一个好的心态,坚定对目标的追求,利用好细小的碎片时间,始终保持热爱和不停下前进的脚步,相信你也可以实现自己的小愿望。每一个小愿望达成后,汇聚成画,就是我们想要的理想生活!

刘红梅

DISC+授权讲师班A12毕业生
阅读疗愈师
国家二级心理咨询师
樊登读书可复制沟通力签约讲师

扫码加好友

刘红梅 BESTdisc 行为特征分析报告
ISC 型

DISC+社群合集

报告日期：2022年03月31日
测评用时：09分03秒 (建议用时：8分钟)

BESTdisc曲线

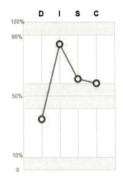

自然状态下的刘红梅

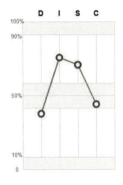

工作场景中的刘红梅

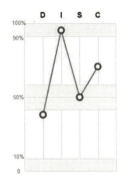

刘红梅在压力下的行为变化

D-Dominance(掌控支配型)　　I-Influence(社交影响型)　　S-Steadiness(稳健支持型)　　C-Compliance(谨慎分析型)

　　在刘红梅的分析报告中，三张表里的 I 特质较高，表明她是一个性格开朗、善于沟通、能用积极乐观的心态面对生活的人。在工作中，她的 S 特质提升，表明工作中的她会更加关注他人的感受，富有同理心，是很好的倾听者。在压力下，I 特质和 C 特质提升，表明遇到压力时，她会充分利用自己表达的优势，影响他人，同时通过详细的计划，确保事情顺利推进。

从国企职员到阅读疗愈师，用读书打造π型人生

感受到中年危机，未来何去何从？

40岁的你，有学历、有经验、有耐心、够踏实、求稳定，努力跟上单位的脚步。这个年纪的你，可以大胆贴上"成熟""稳重""处事不惊"等标签，也许当你真正拥有这些，你也会同时感受到一个词，叫作"中年危机"。即使身体健康、处事不惊，彼时上有老、下有小的生活压力，让你变得谨小慎微，失去了随机应变的能力。

中年是职场生涯的分水岭，很多人不知道朝着什么方向继续走，担心这样走下去不知道是对还是错？曾经有一篇叫《人到中年，职场半坡》的报道，把职场老兵进退两难的无奈刻画得入木三分。男同胞们心有戚戚，但相比"中年油腻男"，其实女人更有危机感！

岁月是把杀猪刀，一刀一刀催人老！昨天还一口一个"本宝宝"，今天已经变身"全能超人"：在单位里要紧跟节奏，回到家要洗衣做饭、照顾孩子、打扫卫生，忙得不可开交，累得筋疲力尽。

男人回家喊："老婆，我放在洗衣机里的衣服洗了吗？老婆，我明天要

穿的衣服熨了吗？老婆，我……"孩子回家喊："妈，我饿了。妈，我要的书买了吗？妈，我……"我最怕的是半夜到早晨手机铃声响起，一看是家里老人来电，接通电话前，睡眼蒙眬中的紧张无以言表。

你没有周末，更没有假期，你发现，自从步入中年的门槛，所有节日于你而言都成了劳动节。总有干不完的家务等着你，总有处理不完的琐事等着你。你不是超人，可生活要求中年的你像超人一样活着。

工作中曾经的意气风发还历历在目，我在这家知名大型国企摸爬滚打了 20 年，年年担指标、冲业绩、扛红旗，努力晋升到公司中层，也获过团中央青年能手、全国十大营销标兵等各种荣誉，还曾到首都接受领导接见和表彰。单位为了激发我残存的斗志，还会送上一个个高端、大气、上档次的美誉：骨干、专家、标兵、中坚力量。潜台词是：你不能像那些要退休的大姐、大哥一样混日子，你要和那些激情满满的帅哥、靓女一起在职场拼杀。只有自己知道，这场拼杀注定是一场没有悬念的博弈，总是无奈、无力地充当绿叶，来衬托绚烂的红花。

那么人到中年，距退休还有十余年的我们该何去何从？这是我们想要的人生吗？如山的压力让我喘息困难，为了不使心被压弯，我开始了读书成长之旅。

广泛的阅读，是自我突破的良药。书读多了，就算生活再次跌入烦琐，也无所谓，因为书能洗去精神世界的污垢，让人有重生的感觉。

打造 π 型人生，思维转换让"中年危机"变"中年机遇"

《跨越式成长》一书中写道："生活中的大多数人，都不应该被局限在过去的生活环境当中，应该想办法突围，而这个突围的过程，靠的就是mind-shift（思维转换）。"

这本书也给我带来巨大的遐想：如果你真的愿意努力去尝试、努力去做，没有什么事是你学不会的。它明确告诉我们一个核心理念：每一个人都可以脱胎换骨，每一个人都可以成为一个你过去想象不到的人。

过去，我经常听到一个词"T型人才"，就是有一项核心优势的人才，但新加坡认为"T型人才"不够，必须打造"π型人才"。什么叫"π型人才"呢？就是跟T一样有核心优势，但是多一条腿，有两个技能，有两个足够突出的技能，分别叫作第一技能和第二技能。请注意，第一技能与工作相关，第二技能与激情相关，这叫作"π型人才"，而且每个"π"的两条腿是有可能变化的。

在VUCA时代，最重要的就是终身学习，得不断地进化两条腿。这意味着，你始终都要有一个与工作相关的第一技能，还要有一个与激情相关的第二技能。过两天，你的第二技能，很有可能就会成为你的第一技能，然后培养自己下一步的激情，这样，你的人生才能够不断地迭代，才能够"打怪升级"。

盘点一下自己，我的工作技能是世界500强能源企业中负责大客户开发和关系管理的运营者，又担任总部内训师，帮助全国的客户经理提升销售技巧和沟通能力，拥有系统的营销管理理论基础，具备多年的企业销售和团队带领经验，只是感觉职业生涯到了瓶颈期，似乎很难突破。但到了人生的中场，你不喜欢的每一天都不是你的，我们人活着就是要按自己喜欢的方式来享受生命的，是到了做点自己喜欢的事情的时候了！

那关于激情的第二技能是什么呢？你愿意毕生为之努力，遇到困难也甘之如饴，坚持不懈做下去的事情是什么呢？深思熟虑后，我发现是培训师！是咨询师！是教练！是疗愈师！

我曾经历过许多痛苦，包括儿时家里的贫困、父母的争吵与离异，甚至与被称作"上帝的文身、不死的癌症"的抗争，但让我最痛苦的不是这些，而是善良的爸妈到老都生活在琐事所积累的仇恨、愤怒、纠结中走不出来。愤怒与悲伤宛如有害健康的空气,经常充溢在家中。

多年以来,我能跑多快就跑多快,竭力以双倍的速度去学习、去生活。我竭力用认真学习、努力工作麻醉自己,通过学习成绩和工作业绩来证明自己的价值,以改善家庭的境遇和关系,但事与愿违。

似乎一味地奔跑并不能解决问题,还要升级认知才能找到疗愈之道。现代技术线上学习为我打开了一扇窗,尤其是樊登读书这种新的读书方式,也让我在听了300多本涵盖心灵、家庭、职场、创业、哲学等实用的经典书籍后,内心升腾起力量。

通过听书、阅读并消化、吸收,思考着这些书和作者,我让自己沉浸在他们创造出来的世界里,了解了面对人生曲折起落的新方法,发现了幽默、同理心和建立连结这些好工具。

借由阅读,我想通了太多事情。人生10%是我们的境遇,90%是我们如何去看待和解读那些境遇。比如情绪的管理,有很多科学方法,烦扰我们的各种各样的负面情绪,只是一些表象的东西。樊登老师在《沟通力》里讲道,他从不给人讲成功的具体技巧,只分享他的处世理念、单纯有力的指针(哲学)、做人的正确准则。成功的老师也会有思维方式濒临负值的时期,在改变自己心态的瞬间,人生就出现了转机,命运并非宿命,而是境由心转。

我明白了最终决定我此生意义的,是我如何面对欢欣与伤痛;如何与他人建立连结,并用这些连结与我的人生体验,一起构筑安稳的内心世界。

通过阅读,我学会了宽恕,原谅了我自己,也原谅了我身边所有的人,我们每个人都在尽力地背负着自己的重担,认真地走下去。我更明白了,爱是一种强大的力量,足以超越死亡,而善意是联结我和世界的最佳纽带。

如何向别人伸出援手,帮助曾经像我一样迷茫的伙伴走好曲折的人生路,是我的心灵扳机、动力源泉,因此,与激情相关的这条腿我定位为阅读疗愈师。上医治未病,以书单为药方,相较于心理咨询,科学性、实用性、性价比都很高。通过读书沙龙或一对一咨询,创造一种交互过程,引导大家把感情和领悟集中到挑选出的书籍上,激发良好的认知、态度和行为,增强心理免疫力,提高自助力,让治愈和成长的微风轻轻拂过每一个人。

拥有终身成长心态，刻意练习，成己达人

理想是丰满的，现实真的很骨感。

我们都知道：读书不保证命运可以好好地对待你，但是书读多了，可以保证你能够更好地对待命运；书读多了，读出智慧，总可以正确地面对各种各样突如其来的事件；总有一本书能在你困惑的时候给你解答，在你没有问题的时候，提醒你考虑下一步。

这些道理大家都懂，可时下大家忙忙碌碌、行色匆匆，图书浩如烟海，良莠不齐，哪些值得花时间、用生命去阅读？书籍买回家是读了，还是束之高阁？书读了，记不住；记住了，不会用。我们要如何将在阅读中获得的信息转化为知识，将知识转化为解决实际问题的智慧？

帮助大家解决这些选书难、没时间读、转化应用难的读书困惑，正是我们能提供给大家的价值。

2014年，我在西安交大听了樊登老师"用读书点亮生活，帮助三亿国人养成阅读习惯"的愿景后，更加热血沸腾，立即成为第一批樊登读书城市主理人。7年来，我在这个滨海小城，从樊登读书第1名会员开始，发展到注册会员20余万人，组织大大小小近千场公益读书沙龙。

从0到1的过程是最难的。线下读书活动开始邀约来的其实都是自己的亲朋好友，有时候十几个人，少的时候两三个人，尽管这样，我们也会坚持把读书活动开展起来。组织一次活动，要投入大量的精力、体力，为了书友感觉效果好，有大量烦琐、细致的工作要做。凭着一腔热血，免费的读书活动做不做？做！低价的读书沙龙做不做？做！当我累得想退缩时，我就会想到底是什么让我坚持下去，是内心的不舍，是初心的鞭策，是看见他人成长与自我成长的精神满足感，更是下面活生生的人和事所带有的意义，这些

一直激励着我!

2016年11月18日,我策划组织樊登老师的大型演讲。我心里最朴实的想法就是好不容易请到了樊登老师,机会可别错过。当时大家对樊登老师的了解还不多,为了能让更多的人听到樊老师讲书、爱上阅读,我当时跑遍了全市和读书有关的职能部门,以及当地的银行、港务局等大企业,大家都给予了很大的支持,现场1300人听樊登老师讲关键对话,没想到氛围异常火爆。让我们都没想到的是,在我们这样一个麻将和撸串、喝酒文化浓厚的小城市,居然有这么多读书的人!

经常听到书友说:"感谢你带我读书,陪伴我走出人生最黯淡的时光,给了我活下去的勇气。"听到小朋友说:"樊登老师,谢谢你,妈妈听书后不再打我了。"也有伙伴说:"听了关键对话,要回了很久没有要回的债务。"……这都是我的开心时刻!

从2015年开始的被质疑和被否定,到现在坚持了七年,慢慢产生了变化。不久前,我给一个车间单位做活动时,一个车间姐姐告诉我:"我们有个同事家里的孩子,正值青春期,很叛逆,不和家长说话,我推荐了几本书给这个同事。他用书里的方法跟孩子沟通,现在反馈说,孩子越来越愿意和他说话了。"而这位姐姐自己作为车间的读书会长,更是带领全家周末一起看樊登读书,女儿在初中就先后听了《苏东坡传》《杜甫传》《四时之诗》等,而小儿子现在学会经常用樊老师反过来教育他们:"说好的不吼不叫,你们都白听了吗?"说到这里,我们相视而笑了。也许车间员工的学历不高,但是他们的学习精神和质朴、真诚的反馈,每一次都让我热泪盈眶。

一名农村中学的班主任说,他每次新接手一个班,都会先让学生们听听《认知天性》以及很多历史和人物传记的书籍。别人班的学生都是愁眉苦脸地被动学习,而这个班的学生很快乐,学习氛围好,成绩还一直很好,班级总是年级第一。目睹一个个农村娃快乐地考入"985""211"高校,自己也对得起"人类灵魂工程师"的称号。

还有书友反馈,最开心的是自己家庭的变化。女儿学习游泳,当其他的小朋友已经学会了基本动作,教练让休息戏水的时候,她还没学会。这个书友透过泳池外的落地玻璃,远远地看着那个穿着粉色泳衣的小女孩,在其他小朋友戏水嬉闹的时候,她一遍一遍地游来游去、反复练习,教练还在岸边拿着竹竿跟着她,自己的眼泪都要出来了。下课的时候,她很担心女儿会说,"妈妈,我不要学游泳了",没想到,当她问女儿累不累的时候,女儿却说,"妈妈,这个世界上没有天才,所有的天才都是刻意练习出来的,多练几次是正常的"。这句话,让她认识到每天和女儿在家读书的魔力。当我们还未看见的时候,这些认知已经悄悄地刻进了孩子的头脑里,她不会因为失败而丧失好奇心、学习的兴趣,这不就是成长型心态和从新手到大师所需要的刻意练习吗?有些事已经悄然发生,也许你没有察觉,但它们比所有显露可见的事都重要得多。

罗曼·罗兰说,世上只有一种英雄主义,就是在认清了生活真相后,依然热爱生活。不忍心看到另一个生命痛苦,就是恻隐之心。在此基础上参与、分担另一个生命的痛苦,就是悲心了。

读书沙龙里选的书都不太浪漫,有些实用主义,怎么跟孩子沟通?怎么和家人相处?怎么和员工结成联盟?你会问这些问题都没有答案吗?这些问题都没有一定的答案,我们可以借由这些好书,无限地接近正确答案,正确答案就意味着幸福。

一个幸福的孩子,一个幸福的家庭,一个幸福的公司,最后就成了一个幸福的国度。有的人一生精彩不断,但更多人的一生充满了平平常常的小事。假如我们没有惊天动地的大事情可以做,那么就做一个平淡的小人物,给一个可爱的小孩做父母,给一对慈祥的老人做孝顺的子女,给你的另一半一个简单、幸福的人生,这一样是美满的一生。努力地享受青春,然后勇敢地安于平淡。一花一世界,一叶一菩提。看清生活的真相之后,继续热爱它。愿我们都能如此。

史暄凡

DISC+授权讲师班A4毕业生
私人高级健康管理顾问
私人订制健康调理师
一承金手指健康管理创始人

扫码加好友

史暄凡 BESTdisc 行为特征分析报告
CID 型

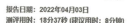
DISC+社群合集

报告日期：2022年04月03日
测评用时：18分37秒（建议用时：8分钟）

BESTdisc曲线

自然状态下的史暄凡

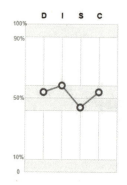
工作场景中的史暄凡

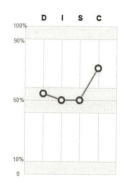
史暄凡在压力下的行为变化

D-Dominance(掌控支配型)　　I-Influence(社交影响型)　　S-Steadiness(稳健支持型)　　C-Compliance(谨慎分析型)

　　在史暄凡的分析报告中，她在工作场景中的 I 特质相对较高，表明她在工作中善于通过沟通和表达的方式影响他人。在压力下，她的 C 特质升高，表明她在压力下会更加关注细节和流程，会通过数据分析和制订计划的方式去解决问题。

健康，是一辈子的福

现在，社会上越来越多的人出现了健康问题：头晕头疼、四肢无力、失眠多梦、抑郁寡欢、暴躁易怒……大家通过各种方式，想要重归健康生活，健身、买保健品、寻医问药等多管齐下，但事实上，每个人身处的环境不同、个体情况不同，很难找到一条普遍适用的健康之路。所以，我经常开玩笑说，我们的健康管理其实有点像"高定"，衣服要量体裁衣，健康管理最好也因人而异。

只有真正了解健康何来、健康哪去，才能从"治病"走向"救人"。老祖宗很早就告诉我们，人是一个有机整体。中医认为，人体经络是气血运行、联络脏腑肢节、沟通上下内外的重要通路，人的经脉气血相通，人体肢体左右对称，相互影响。比如，在一般情况下，经常敲打三阴交穴有助于缓解月经不调；而西方医学也通过不同方式证明了这一点，比如人的左脑控制着右边肢体，右脑控制着左边肢体。

有朋友告诉过我这样一个故事：她的表妹，有一段时间眼睛胀痛，视力下降，看东西经常模糊不清，到大医院眼科去看诊，结果发现了问题，"你看东西模糊不清，不是视力的问题，是有影像缺失。你先别忙着配眼镜，去做个脑CT吧"。她半信半疑地挂了神经内科，做了脑CT，才发现原来真的是脑部垂体瘤压迫了视神经，导致了视力问题。所以，如果不深入与身体对话，找到问题的本源，就可能丧失获得保持健康的机会。

哪怕是看似简单的口腔异味问题，也可能来源于饮食问题、牙周疾病、鼻炎、脾胃失调，或者内科疾病等多种问题，所以，我对我的每一位客人只有一个要求,"每个人的情况都不一样,我得对你负责,所以咱们得见面,让我看到你"。我始终相信,当我们离人越近、对生命负责,我们离健康也就越近。

听,身体会说话

将人看作整体,我们就有可能在未病前扶正健康。这个道理看似简单,我却花了很多年才深刻理解。

小时候的我,其实身体非常弱,经常做梦,几乎无法睡一个完整的觉。吃饭时,胃口也不好,和同龄人相比,看起来又瘦又小。因为不健康,才更加渴望健康,我想知道,为什么别的小朋友都身强体壮的,只有我看起来弱不禁风。

长大后,为了追求健康的体魄,我开始学散打、练拳击、练健美,凡是有利于强身健体的,我都会去学习、尝试。为了更好地帮助自己,我又从拔罐、针灸开始探索,想找到健康的法门。

中国传统医学讲究"阴阳平衡",认为将人作为整体来看待,更容易从根本上解决健康问题。我突然懂了,为什么从小瘦弱的我,吃了再多的东西都无法健壮起来,因为没有解决营养吸收的问题,就像一个口袋,漏了一个洞,往里面塞再多的东西都存不住。

理解了这个逻辑,我茅塞顿开,精神大振。为了搞清楚人体的奥秘,除了市面上能看到的所有中医书外,我还开始研究西方医学。20世纪90年代,TVB刑侦剧火爆,剧里的法医简直太神了,"能替亡者说话"这个本事激起了我强烈的兴趣,我心想:如果能连死人的前世今生都能看得清清楚楚,知道活人到底哪里有问题,还在话下吗?

我又开始沉迷于研究运动解剖学、法医解剖学,以活体解剖闻名的德系、以用药实验闻名的日系,我无一不学。有朋友特别不理解,"大晚上的,你竟然敢研究活体解剖学?那么血淋淋的,你怎么想的?!"但我乐此不疲,就像庖丁解牛,越研究就越投入。为了达到知行合一的目的,我有一点感悟就在自己和家人身上做实验,越实践就对人体越清楚。

中西结合,让我对人体形成系统认知;实打实的操作实践,也让我积累了解决问题的经验。我慢慢地发现,其实我们的身体是最诚实的,如果我们认真对待每一个人,结合不同的环境和每个人不同的情况,把人研究得彻彻底底、明明白白,很多情况不用他自己说,身体就会告诉我们答案。

对健康负责,就是对自己负责

我们的身体是一个完整的系统,由九大系统,即运动系统、消化系统、呼吸系统、泌尿系统、生殖系统、循环系统、内分泌系统、神经系统、免疫系统构成,每个系统息息相关、自然运转。

正因为每个人的身体系统有不同的启动方式,也有不同的卡点。我越来越感觉到,通用的方法有时很难帮一个人长久地保持健康,或许为每个独特的个体订制差异化的健康管理方案,更有助于解决问题。帮朋友们找到那个真正影响健康的问题,成为我最光荣也最重要的使命。

有一位女士,因为找回了健康,曾给我写了满满4页纸的感谢信。我们第一次面谈时,我就发现她的毛病不是一点点:她坐着说话时,前胸挺得很直,身体来回变换坐姿,感觉整个人始终找不到一个让自己舒服的状态,一眼看上去很不自然;她皮肤白皙,但面色中又透着淡淡的青,气血显得不是很足……除了她反映的问题,我相信她还伴有手足冰凉、月经不调等问题。

当我一问,她连连点头:"是的,就是这样,暄凡老师你怎么知道?!"

帮她恢复健康,首先,我要让她淤堵的经络变得畅通,排出淤堵,气血丰盈才能保证全身供血,打开身体正循环的开关。当天,我帮她做了经络疏通,从按摩床上走下来时,她惊喜地说:"我觉得全身的骨骼好像被你重塑了一样。"我说:"还没完,走两步。"

是的,从不舒服到舒服,是第一个过程,会让人误以为自己已经改善了,但还需要再接再厉,从舒服到不舒服,才能找到深层次的卡点。我让她在房间里一直走一直走,直到她说:"老师,我的腿好像走起来有点别扭。"这时,我再帮她做深度疏通,效果事半功倍。第一次全方位调理结束,她看着镜子里的自己说:"原来我也可以气色这么好,好像打了水光针,还有腿竟然也变细了,实在不敢相信!"

让身体回到正循环,就像扶正长歪的树,让皮肤紧致、身形优美。全方位调理的第一阶段是促进代谢,后续还要根据她的生活习惯、生活环境和取得的成效进行分析和判断,逐步优化改善,才能让身体找到排毒的自然节奏。第二次,她说,"赘肉消失了"。第三次,她说,"皮肤光滑了,人也舒服多了"。第四次,她说,"我从60岁的身体,变成了18岁的少女,还能穿上旗袍了"。

我一直说,人的身体是一个整体,不仅是看得见的肢体、器官,还有看不见的心理精神力量。看着她一次比一次更有精神,我自己心里知道,这个改变既来自全方位调理所带给她的身体健康,还有她因健康轻盈所产生的情绪稳定、自信自爱,而这才是我们每个人都需要的全面的、完整的、长久的健康。

因为每个操作手法都在我身上亲身试验过,因为每个朋友我都亲自望、闻、问、切过,所以更能让我找到每个人不同的健康方案。

从专注为每个人差异化地解决健康问题,进行"高定式"的健康调理开始算起,到今天足足6年了。在帮大家解决一个又一个问题的过程中,我见过太多人在健康方面出现的误区,也见过很多人经过调理后的面貌焕然一新,更见过很多家庭因健康而重新焕发出幸福和快乐。

也正是在帮大家解决一个又一个问题的过程中,我不断发现健康这门学问的博大精深,各派高手如云、百家争鸣、各有门道,这也让我认识到自身知识、实践的局限性,只有不断增进对人的认识和了解,不断学习全方位的健康管理知识、精进提升能力,才能更好地为更多人服务。

因别人的幸福而快乐,这种感觉,无法用语言表达,我帮大家找回了属于自己的健康,而大家则给了我坚定地走这条路的信心和动力。但因为一对一的健康订制服务的人群毕竟有限,未来,我还想借用数字化研发来帮助更多的人。

我期待有一天,数字化高级私人订制健康管理方案能走进千家万户,帮助更多人获得健康幸福的人生。如果你愿意,请跟我一起唤醒身体的神奇力量,让健康成为我们最大的幸福。

第五章

跃迁成长

> 不要等到很厉害才开始,
> 要先开始才会变得很厉害。
>
> ——DISC+社群

跃迁成长

不要等到很厉害才开始，
要先开始才会变得很厉害。

插图@Anna

《一名典型国企人的非典型故事》

作者：武春丽

干好8小时本职工作，过好自己的16小时。
把手中工作当成自己的创业项目，
以打理公司的心态参与DISC社群共创。

《你可能只需要再勇敢一点》

作者：高媛（Anna）

勇敢，是梦想成真的第一步。
勇敢，是不断蜕变的动力。

《飞往你心中的山——成为发光体，赋能彼此》

作者：陈硕琪

是什么原因，让我们在对方眼中毫无识别度呢？
透明体不是命运的安排，普通人也可以成为发光体。
自己发光，是为了照亮他人，赋能彼此。

《学习、实践和确认下的定位故事》

作者：倪映琼

DISC,帮我搞定职场人际关系。
优势，帮我和原生家庭和解，让我更自由。

《如何通过社群加速成长》

作者：白新宇

D-目标明确，多学习。
I-学会主动，多连结。
S-助人达己，多付出。
C-认真细致，多思考。

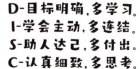

武春丽

DISC国际双证班第3期毕业生

DISC社群联合创始人

国企基层党支部书记

扫码加好友

武春丽 BESTdisc 行为特征分析报告
ICD 型

DISC+社群合集

报告日期：2022年04月05日
测评用时：06分55秒 (建议用时：8分钟)

BESTdisc曲线

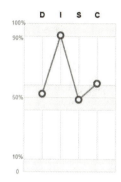
自然状态下的武春丽

工作场景中的武春丽

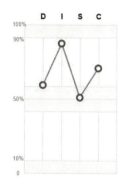
武春丽在压力下的行为变化

D-Dominance(掌控支配型)　　I-Influence(社交影响型)　　S-Steadiness(稳健支持型)　　C-Compliance(谨慎分析型)

在武春丽的分析报告中，三张表中的I特质最高，呈现出她乐观开朗、积极向上的性格，说明她善于和陌生人沟通交流，通过创新的想法去解决问题。在压力下，C特质相对提高，表明有压力时，她会更加关注细节和流程，通过分析数据和制订计划的方式，寻找解决问题的方法，推动目标的达成。

一名典型国企人的非典型故事

你眼中的传统国企人的典型特征是什么?

在你看来,国企的党支部书记是什么样子?

你认为,在体制内工作的人会不会每年至少三次自费参加组织外的培训课程?

此刻,你脑海里可能有个画像。是的,我就是这样的人,在传统老国企工作了23年,先后换岗8个部门,33岁当了基层党支部书记,一干就是7年。从2014年开始,每年至少自费外出学习10天,本职工作与培训没有半毛钱关系。

我被问过很多次:"如何做到20多年一直在同一家公司工作,有没有想过跳槽?"也被很多人说过是"最不像书记的书记",把严肃的工作做得风趣幽默;也有人说过颠覆了对书记的认知,曾经以为书记都是老头儿、老太太,没见过30岁出头的女性专职做党支部书记,很好奇现实中怎么给职工做思想工作;也有人说我改变了他对体制内工作人员的刻板印象,曾经以为国企人都是中规中矩、把自己收敛起来的……

讲出我的成长故事,或许能给你启发。

干好 8 小时本职工作，过好自己的 16 小时

这得从我 1999 年大学毕业、入职讲起。入职后，我经常被前辈训话："干一行要爱一行，干一行要专一行。"也有身边的同事说："干好 8 小时本职工作，过好自己的 16 小时。"

干好 8 小时本职工作是人人都应该做到的，什么叫过好自己的 16 小时呢？因为最快速的学习方法就是模仿榜样、成为榜样。实话讲，当时看过了身边各个年龄段的姐姐，每个人身上都有值得学习的点，但还没有一个活生生的姐姐能成为我心目中的榜样或者标杆。

陷入迷茫、困惑的时候做什么呢？唯有读书，别无捷径。入职前五年，60% 的周末时间我都是在书店度过的，也特别幸运地看到一段话，影响了我很久很久：大概描述的是一个留学生在国外勤工俭学，其中一个打工方式就是帮别人读书，把一本厚厚的书拆解成二三十页的小册子，帮助那些没有足够时间读书的人。

我深受启发，随后在公司内部以季度为单位，把自己读过的书、看到的杂志和报纸上的好文，只要是站在公司的角度，觉得大家应该学习的内容，都整理汇编成一个共享学习资料，发到大家的信箱。

我慢慢坚持了一段时间后，在大家开会发言和工作中看到了一些对我的学习资料的引用和应用。有一位同事调离，临走前跟我说，"以后每个季度整理的资料一定要发我学习"。那一刻，我更加坚定了我去做这件事情的信心。

这样的学习分享坚持了四年多，最大的受益者是自己，因为在整理的过程中，很多内容就整合成自己的知识了。最开始，整理、输出、共享给别人，无非是做了内容搬运工，后来我在公司持续组织读书活动，吸引了更多的同事参与、关注和领导的支持。其间，几位爱好读书的同事加入进来，充分发挥了非正式组织的力量。

十几年过去了,那些年的读书分享活动在公司内有时候还会被谈起,有同事开玩笑,说要是一直坚持下去,咱至少可以成为系统内的"樊登读书"。我也围绕"在组织内如何开展读书活动?""如何发挥非正式组织的力量推动组织目标?"这两个话题,做过多次线上分享。

行动是最好的开始,你的影响力超出你的想象。

把手中工作当成自己的创业项目

体制内创业,听到这个概念,你的理解是什么?

这些年,在培训课堂或 DISC 的社群活动中,我经常被问到,在体制内工作,怎么做到组织内外的关系平衡?有时候,工作日外出讲课或学习如何获得组织允许?回想这些年的经验,体制内创业和内职业生涯探索两个概念深深地影响和改变了我。

"创业"似乎是人人都有的小梦想,"体制内"听起来是个限定词,甚至说带有一定的否定意思。

我清晰地记得,第一次听到"体制内创业"这个概念,是在 2009 年江苏省委组织部安排的新任基层党支部书记培训班上。南汽集团前党委书记做经验分享时,他将"体制内创业"大概理解为用创业思维干工作、把工作切块化,按一个个项目来实施。当时我没太理解和明白,但一直记着这几个字,后来在工作中经常会设想:假设手中这份工作就是我的创业项目的话,我该怎么守业和发展?自己内心想怎么做的?期待的目标是什么样的?当下的内外部形势和趋势有什么影响?什么是行业或专业三年后需要的?现在有啥资源?能借力到哪些资源?如何把个人目标置于实现组织目标这条大船上,但不消耗、不侵占公司资源和利益,还能促进组织目标,成为加分项,并赢得更多资源和支持?只要想做,就会发现身边有大把的机会和资源。

后来,我又记住一个概念叫"内职业生涯",对应的就是"外职业生涯"。有些资料这样定义:内职业生涯是指从事一种职业时的知识、观念、经验、能力、心理素质、身体健康、内心感受等因素的组合及其变化过程;外职业生涯可以形象地比喻为名片,是指从事一种职业时的工作时间、工作地点、工作单位、工作内容、工作职务和职称、工资待遇等因素的组合及其变化过程。

外职业生涯通常由别人决定、给予、认可,也容易被别人否认、收回或剥夺;内职业生涯主要靠自己不断摸索而获得,不随外职业生涯的获得而自动具备,也不由于外职业生涯的失去而自动丧失。也就是说内职业生涯是自己给予的,决定权在自己手里,是靠自己努力得到的,别人是无法剥夺和干涉的。

在这个学习探索的过程中,我的外职业生涯随着组织内部的人事调整换了三次岗位,而通过内职业生涯的探索,我逐渐清晰了自己内心真正喜欢的和一直在储备的,也确定了自己的小目标——在组织内做一名会讲课、懂管理的管理者,在组织外能够参与一些培训或咨询项目。

这个目标源于两个契机。2005年前后,公司引进了外部咨询机构和培训项目,听起来很高大上的内容,但真的不够接地气,当时我就有意识地结合公司的管理实际情况,进行整理后做内部分享。后来,系统内连续三年组织党支部书记讲党课比赛,我录制的一节视频党课《思政工作传递心能量》被推荐挂在省公司网络学院的官网上。

因为课程贴合系统实际,我得到了系统内单位的分享邀约,内训需求也多了起来。曾经有同事问我:"你是要转型或离职吗?"其实自己没有这个想法,于是开玩笑说:"公司哪天要成立个企业大学,我或许就是现成的教务主任,早做储备是必要的啊。"

以打理公司的心态，参与 DISC 社群共创

2015年3月2日，我的一个大学同学推荐我报名 DISC 双证班学习，因为信任同学，所以相信她推荐的课程。报名后，我第一次听翻转课堂，就脑洞大开，人生差距大概也就源于此：我在用微信八卦闲聊，人家在用微信学习，而且晚上分享后，还有学委整理的文字笔记帮助消化内容，以及有人一直在线答疑解惑。

缘起：我的这个同学是外企高管，她推荐的理由是，在特定行业工作局限了你的思维和眼界，走出来开阔视野、结识不同行业的人、了解不同行业的信息，工作和生活会多一些不同的视角。

2015年3月中旬，我去上海参加 F3 双证班面授学习，三天的学习让我脑洞大开，原来课堂可以如此欢快，最后一天的小组呈现更是让人记忆犹新。2015年4月，在沉淀、内化 DISC 理论的过程中，我回想了自己一路走来因为没有很好地识别情境、理解他人而导致有些沟通不好的情境，好在我知错就改，用 DISC 理论调整自己，再次主动沟通，达到相互理解。

转折：加入 DISC 社群后，我接受了一场挫败教育，挫败是源于自己意识到无知后的痛苦。加入 DISC 社群，也是一次激发尊重自己内心的学习，在课程结束后的一个月内，我主动联系了有过负面冲突和误会的同事、朋友，与他们和解，也与自己和解。到现在，我都非常庆幸自己主动走出了这一步，也从此懂得冲突不可怕，重要的是把冲突管理成正面冲突。

每晚的翻转课堂是一定要听的，也就是在这个学习过程中，我把自己喜欢的内容导出语音并整理成文稿，当时很朴素的想法是，既然做了，就发在群里共享吧。没想到就这样被海峰老师发现了，我也开始负责每周导出语音，并汇编整理了《DISC 翻转课堂课程表》。

重要机会：那年4月的某一天，当我想对照课程表，把翻转课堂的资料

重新整理一下时,我没想到的结果出现了:原来100多天的翻转课堂分享都是海峰老师亲自安排的,有时候是手机编辑,有时候是电脑编辑,发完图片后并没有留存。于是,我从群里的上万张分享图片中找出课表,又找到分享嘉宾,进行统计校核,接下来整理了学习委员职责、基础课资料等。最后的结果,就是在社群被称为"总学习委员",后来大家亲切地称我为"总馆长"。

2015年五一假期,我第一次申请了基础课翻转课堂,写了一万多字的稿子,读了一个小时。我的这次经历经常被拿出来激励那些不敢报名分享的同学,后来也会被拿出来说认真是一种态度。

2015年6月底,DISC商学院走进我的老家内蒙古,我那时候根本不知道商学院是做什么的,但海峰老师说我们有勇于探索、敢于试错并迅速修正的能力。有人不怕砸场子,我怕什么。那一次是我第一次做助讲,无知者无畏,我PPT都没做,就讲了一个多小时的DISC报告解读。

也就是在这个月,我调整工作了。当领导找我谈话的时候,我内心是不舒服的。不舒服是因为新岗位压力太大,大到我没有勇气和信心去挑战;不舒服是因为工作调整可能会打乱我的个人规划;不舒服是因为工作调整有些频繁,这是三年以来第三次调整工作,这边的工作刚刚理顺,还有很多想法没来得及实施……回家后,我把自己关在房间里,用流泪、打坐、冥想来调整情绪,然后咨询了DISC翻转课堂堂主任博老师,他说组织当前发生了什么?组织派你去的原因和目的是什么?组织中还有其他更合适的人选吗?你的个人诉求是什么……去寻找行为背后的正信念。

收获:做自己没做过的就是成长,做自己不敢做的就是突破,做自己不想做的就是改变。不负时光,悦纳每一个当下。

因为在社群有收获和成长,所以做些力所能及的事情回报社群,传承一路走来助人的理念,花费的时间也就是每晚一小时左右或每周末的大半天时间,收获远远超过付出。

DISC社群大赢家:以学委的立场参与翻转课堂的学习,以分享嘉宾的视角总结翻转课堂,以项目化管理参与商学院和双证班运作,以打理公司的心态参与社群共创,因此,被称为"大赢家"。

2017年2月,我在《中国培训》杂志刊登了文章;2017年4月,我第一次在千聊平台分享;后来开通了自己的千聊直播间、联合出书、与喜马拉雅平台合作分享、玩各种沙盘和组织策划社群活动……如果不参加DISC社群,我不会接触到这些。

我被DISC社群誉为"总馆长"。在七年多的时间里,我一边做着自己的本职工作,一边利用业余时间参与DISC社群共创。七年来,我在工作中遇到的奇葩人和事、非例行事务、冲突事件比以往多得多,但正因为学习了许多工具和课程,所以都还算应付得了,真正做到了工作做好、关系变好。

乐在其中,持久快乐。快乐不是喝酒打牌侃大山,也不是说走就走的旅行,而是在繁杂的工作、生活、学习中有张有弛、乐在其中。休息不是放下工作,睡觉、发呆,有时候只是换个框的工作和生活。

我第一次站在公司外部的讲台上是做DISC商学院的助讲,第一次站在百人的讲台上分享3小时是去救场,第一次很认真地按照讲师的标准要求交付一天的商讲,第一次交付8次课的培训项目……很多第一次都历历在目。每一次经历都是财富,我非常感恩这些平台和机会。

我到现在都清晰地记得是在哪一场克服了对百人大场的恐惧,是在哪一场考验了一整天的课程交付、发生了问题怎么救场……每一次课程交付后,自己进行总结和复盘。虽然有时不忍直视自己的视频,但我并没有焦虑,因为给了自己足够的周期。

不管是我工作了20多年的公司,还是DISC社群,在我看来都是学校+家庭+平台+舞台+……的组合体。

你把TA当什么?

你把TA当学校,TA就培育你;

你把TA当家庭,TA就温暖你;

你把TA当机会,TA就成就你;

你把TA当平台,TA就锻炼你;

你把TA当舞台,TA就呈现你。

做自己该努力和坚持的,剩下的交给时间。未来会怎么样?未来想怎么样?……

做好当下,才会在未来不言悔,不会可惜自己没有利用这么好的平台和社群,没有抓住终身成长的机会。

高媛(Anna)

DISC国际双证班第59期毕业生
畅销书《一路向前》插图作者
野生视觉记录师
OH卡(欧卡)教练

扫码加好友

高媛（Anna） BESTdisc 行为特征分析报告
CSD 型

DISC+社群合集

报告日期：2022年03月31日
测评用时：06分19秒（建议用时：8分钟）

BESTdisc曲线

自然状态下的高媛（Anna）

工作场景中的高媛（Anna）

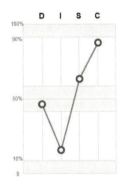

高媛（Anna）在压力下的行为变化

D-Dominance(掌控支配型)　　I-Influence(社交影响型)　　S-Steadiness(稳健支持型)　　C-Compliance(谨慎分析型)

　　在高媛的分析报告中，她在自然状态和压力下的C特质最高，表明她在整体上给人的印象是做事认真谨慎、关注细节、追求极致。在工作中，四种风格的差异不大，表明在工作中，可能需要她随时调用不同的行为风格，以应对工作中的不同需要，既关注事情的结果和细节，同时关注人的感受和需求。

你可能只需要再勇敢一点

你是不是在看到有好的工作机会时,会怀疑自己能力不够?担心不被录取而迟迟没有动作?

你是不是看到别人具备"大神"的技能羡慕不已,感兴趣却不敢尝试学习,认为自己是"小白",好像根本做不到?

你是不是当遇到一个能够锻炼自己、扩大自己影响力的机会,却因自认不擅长而退避,找个自己很忙的借口搪塞过去?

我就认识这样一个姑娘,一个学历普通、长相普通、家庭普通等样样普通,经常被淹没在人群中的"小透明",她也曾遇到过同样的问题,不过幸好,尽管她现在依然普通,但终于发现了自己的不普通,并相信自己未来一定会不普通,她做的只是比之前更勇敢了一点。

勇敢,是梦想成真的第一步

这个姑娘来自东北一个18线小城市,普通二本毕业,她总说,"我好像没有什么特长,那些很厉害的核心优势和突出才能,我全都没有"。

某一天,她在吃饭的时候,在网上看到了一家全球知名头部企业的招聘广告。哇,这是她心仪的很有发展前景的公司、是她感兴趣的岗位,书面的职责要求好像也算匹配,当时她的眼睛就亮了,开心、喜悦荡漾在眼角、眉梢,可是又瞬间消失了。

她开始在脑海中构想这个岗位要什么样的人,需要什么样的背景和学历,需要具备哪些技能?她反复看了这个广告不下 10 遍,还是没有勇气点击广告页面上那个"打招呼"的按钮,开始变得沮丧起来,心想:这样的公司,学历要求一定特别高,我够不上。我当初为什么不努力考好点的学校?最近英语也没怎么练习,这个岗位我够不上。之前选定的认证课程也因为没有时间而一直没有去学……算了,好像和我也没什么关系。

那天晚上,她一直没有睡着,不知是脑海里的声音,还是梦中的智者,留下三个问题和三句话,然后就离开了——"是你真正想要的吗?你害怕什么呢?你有为之付出过努力吗?""愿力带来能力。世上最可怕的就是自己吓唬自己。登上珠峰的第一步永远都是做好规划,迈出腿。"

她一下子就爬了起来,作为一个土生土长的东北人,不就是应该"不服就干"吗?不就是应该"哪怕失败,我也不怕"吗?不就是应该"抄家伙"吗?

她说干就干,坐到桌子前,仔细分析这个广告,查看公司的信息和企业文化、岗位的相关动态,又充分结合自己过往的经验,认真制作了中英两版简历。

她按下"打招呼"的按钮,发送简历,又一路通过层层选拔,终于成为这家心仪公司的一员,和一群优秀的人做有挑战的事。

对于成功秘诀,她只说了一句话:"只是比之前更勇敢了一点!"在 3 年前入职时,她用涂鸦的方式记录了自己的心路历程:当你真正想要的时候,当你有勇气告诉这个世界,我准备好了,我已经在路上了的时候,全世界都会为你让路。

勇敢，是不断蜕变的动力

那张涂鸦笔记我现在还留着，也因此，我找到了她身上的不普通。

现在有个很火的职业叫作视觉记录师，就是能够把知识用视觉的方式呈现出来，厉害的还可以做视觉同传，就是和翻译同传相似，一边听，就可以一边画出来的同传。

这个姑娘就是一位视觉记录师，她先后做过罗振宇《时间的朋友》、秋叶大叔年度演讲、易仁永澄老师年度目标管理大课、王潇潇洒姐直播的视觉同传。现在，她也有了自己的IP，不仅在工作中把视觉记录进行了很棒的应用，还带着一群伙伴学习视觉记录。

很多人会说，想要成为这种能同传的视觉记录师，把文字转化成图像，那一定是画画的高手，至少也要学过几年的画画才能达到吧？哦，对，她还一定是位速记达人，有超长待机的脑袋，能够把听到的内容快速记住，并以更加有逻辑的方式呈现出来。哇，那一定是位大咖，哦，不，应该是大神！

其实并不然，起码对于她来说，这是一个关于蜕变的故事。

其实，她第一次看到这种笔记的形式，是在公司的讨论会上，大家一边讨论，一位外国的同事就在白板上一边说、一边画出讨论重点，用流程路径图写清楚每步动作、责任分工。当讨论结束后，所有重要的内容，用一面白板就全部搞定了。同事拍一张白板图发到群里，@对应人，截图对应要做的事，后面的工作就按照那张图有序推进。那个会开得既高效、又清晰，待办事项、责任人一目了然，让她大为震撼。

会后，她拉住那位同事请教，想要了解他是如何做到的。同事告诉她，这是涂鸦笔记，也叫视觉笔记，在国外是一种很流行的高效学习、讨论的笔记方式，乔布斯在公司开会也会用这个方法，像国际上一些重要的会议、TED演讲等，现场都会有专业的视觉记录师，把分享人的知识内容，用视觉化的方式同传呈现出来，同时还给她看了几张大师的同传图片。

虽然她用"这也太厉害了，真的是太专业了，谢谢你给我介绍这么多"

匆匆结束了对话,但这次冲击在她心里种下了一颗种子。

她在感兴趣的事情面前、在一项自己认为需要学习的技能面前,开始了自我分析:自己是画画"小白",水平停留在小学时期的画画课上;没有色彩天赋,穿衣搭配都是可以用来开玩笑的反面例子,比如红配绿,只会一水的黑白灰;上班比较忙,没什么时间能够天天拿起笔去画;自己也没有那么聪明……

越想越泄气,她对自己说,"那些记录师都是画画很有天赋的人,画画功底了得,你还是多看点书、多提升下思维吧"。就在这时,3年前的那3个问题、3句话又响在她的耳边:

"是你真正想要的吗?你害怕什么呢?你有为之付出过努力吗?""愿力带来能力。世上最可怕的就是自己吓唬自己。登上珠峰的第一步永远都是做好规划,迈出腿。"

她想起了那个改简历的早上,按下"打招呼"按钮时的坚决,想起了随后的一路绿灯。于是,她立刻下单了3本关于视觉笔记的书、一套彩笔和一个本子,就这样开始了她的视觉之旅。

《涂鸦笔记》的作者迈克·罗笛说,他的涂鸦笔记是从挫折中产生的;他说视觉笔记是表达想法,而非艺术,小孩子们就是用画画来表达他们的想法,人人都具备画的能力,只要你拿起笔。

《笔下生慧》的作者马汀·郝思曼说,没有绘画天赋也能学会视觉化技巧,也能为世界增添新意。

《用户界面设计》的作者本·施耐德曼说,视觉化的目的不是画图,而是洞见内涵。

当她鼓起勇气,下定决心去做时,发现那些视觉大师也有好多是画画"小白"。他们的笔记,他们一路的成长历程,在不断给她鼓励。

不会画画,没有想法,她自创了一套方法:临摹-迭代-创新。在素材的积累中,在版式的设计中,在逻辑的梳理中,先临摹,要做到抬笔就画,然后在临摹的基础上,做不同场景的迭代,最后再创新出自己的图像。

当她鼓起勇气,下定决心去做时,发现太忙都是借口,时间是可以重叠的。她参考《五种时间》这本书中讲到的时间管理方式,构建了自己的视觉时间花园:看书、独处、做视觉笔记。看书是赚钱时间,提升自己的思维和能力;做视觉笔记是好玩的时间,也可能是未来的赚钱时间;做笔记需要高度专注,又带来了心流时间。这些重叠的时间,为她带来了生命新的可能。

当她鼓起勇气,下定决心去做时,发现这是一件百利而无一害的事。做视觉笔记的过程是特别高效的,它能够提升自己的思维和积累知识的方法;分享出去的笔记还能帮助他人快速理解;同时通过将视觉记录运用在工作中和读书社群里,她也慢慢扩大了自己的影响力,还带领一群小伙伴,用视觉思维打开了另一扇大门。

从她踏足视觉笔记的新领域算起,已经有一年半的时间了。我问她:"这一年半你都做了什么?最有价值的点是什么?"我听见她说:"我只是和上次一样勇敢!"同样用一张涂鸦笔记纸记录下:当你真正想要的时候,当你有勇气告诉这个世界,我准备好了,我已经在路上了的时候,全世界都会来帮你。

如果你问我,为什么她的故事,我如此了解?因为她是3年前的我,也是1年半前的我。

如果你看到了这些文字,看到了我的这个与勇敢有关的故事,相信你一定能猜到,这本合集、这篇文章、这个合集作者的标签,就是我2022年新的勇气。

是的,我还是那个学历普通、长相普通、家庭普通等样样普通,人群中"小透明"一样的存在,不过,我在勇敢中成长了,在自我剖析后,没有犹豫,没有怀疑,直接行动。

或许你会问我,这次是你擅长的吗?我会告诉你,不,可能是因为不会写,才选择用视觉画吧,但是那又怎么样呢?只要带着真实的故事,带着希望和勇气,哪怕能给你带来一点点的亮光就够了。

我想用出版合集的方式,触达更多的人,告诉那些和这个姑娘有一样困扰的朋友,你可能只需要再勇敢一点。

在择业遇到好的机会的时候,很多人认为学历重要、背景重要、经历重要,其实勇敢的、真实的你才最重要!

在看到厉害的技能的时候,很多人认为这离自己十万八千里,遥不可及。其实当你勇敢地下定决心,迈出第一步,那距离就不再是十万八千里!

当你要不断尝试、不断突破自己的时候,很多人认为会头破血流,其实你的勇敢会变成一件坚固的隐形盔甲,带你乘风破浪,然后看见彩虹!

如果有一天,有时光穿梭机可以带我回到过去,我会给那时候的她一个大大的拥抱,还有一个大大的赞。

如果你回去,回到曾经的那个时间,你会选择退,还是告诉自己,再勇敢一点!

其实时光机就在你我手中,你可能只需要再勇敢一点!

陈硕琪

DISC国际双证班第77期毕业生

中国营养学会注册营养师

扫码加好友

陈硕琪 BESTdisc 行为特征分析报告
ICS 型

DISC+社群合集

报告日期：2022年03月31日
测评用时：08分13秒（建议用时：8分钟）

BESTdisc曲线

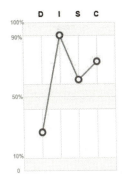

自然状态下的陈硕琪

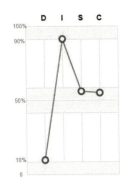

工作场景中的陈硕琪

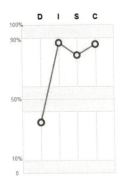

陈硕琪在压力下的行为变化

D-Dominance(掌控支配型)　　I-Influence(社交影响型)　　S-Steadiness(稳健支持型)　　C-Compliance(谨慎分析型)

　　在陈硕琪的分析报告中，三张表中的 I 特质最高，表明她善于沟通，能够通过表达的方式，影响他人。在压力下，S 特质和 C 特质明显提升，表明有压力时，她会更加关注他人的感受，倾听和了解他人的需求，通过制订计划的方式，满足他人的需求，确保目标的达成。

飞往你心中的山
——成为发光体，赋能彼此

不知道你有没有过这样的经历，在某次聚会上认识了一位朋友，当时聊得挺投缘，还互相交换了微信名片，可过了一段日子，你翻阅通讯录的时候，看到这个似曾相识的名字，却怎么也想不起来当时产生连结的场景了。

我们通常会自我解嘲地把类似经历归因于"双盲"：太"盲"（忙）和脸"盲"。

你进入他的朋友圈，想一窥近况，却发现"三天可见"时，陷入了新的纠结——继续让这个名字在通讯录里当"僵尸"，还是索性删掉呢？

当你陷入焦虑时，对方或许也在经历同样的纠结："这是谁？要不要删掉呢？"

上述情况就是"通讯录社交焦虑"，这种互相不被想起和不被看见的低质量连结，对彼此而言都是时间和资源的浪费。你想要告别这种双重浪费吗？那么，我的故事也许可以带给你些许启发。

什么原因让我们在对方眼中毫无识别度呢？

和很多人一样，曾经的我是一个"小透明"，在人群中很难被发现，"人畜无害"地活在自己的世界里,微弱的发声只是自言自语,存在感极低。外表普通,能力徘徊在及格线上,在人群中从不发表意见,交往时唯唯诺诺,我就是和大家擦身而过的路人甲,即使交换了名片,也仍然不会给人留下印象,但我的内心始终有一个声音在呐喊:我渴望被看见。

武志红老师说:"每个人来到这个世界上,都是为了活出你自己,而当你能够被看见的时候,你的真实自我会被照亮,你会自然而然地变得更好。"当智人还在旷野上的某个隐蔽处等待秃鹫进食后的残肉时,是不希望被看见的,因为一旦被看见,就意味着有危险。后来,智人来到食物链顶端后,才衍生出了新的需求:渴望被看见。

对应到马斯洛的需求层次理论的金字塔中,满足了生理和安全需求后,就会出现更高层次的需求,例如归属感与爱的社会需求,而渴望被看见,就是渴望有人关注自己、爱自己,是每个人心理层面的基本需求。在那些不被看见的日子里,如果换作是你,会怎么办呢?是继续在自己的小世界里可有可无,还是勇于突破、活出发光的样子呢?

下面,请和我一起摆脱"透明体"的壳,踏上成为"发光体"的人生之路吧!

"透明体"不是命运的安排,普通人也可以成为"发光体"

大学毕业后,我十分迷茫,属于自己的人生该从哪里开始?22岁的我受知识储备和阅历的限制,不具备预见未来的能力,一度找不到方向。

杨绛先生曾说过:"你过得不好,只是因为想得太多,读书太少。"在寻找答案的过程中，我重新拾起童年时的爱好——阅读，并把阅读面做了延伸。在学生时代，阅读以考试成绩为导向，只读对分数提升有帮助的书。这些书籍不能让我变成一个内在富足的人，作为一个"社会人"的底层能力，如沟通力、表达力、共情力、演讲力、写作力等等依旧匮乏，步入社会后，自然而然就成了无法发光的"透明体"。

离开象牙塔，走出校门，作为"社会人"的属性愈发明显，每天都面临着多维度、多层级的挑战。毕业后，我顺利找到了一份长辈们眼中的稳定工作，一份稳定的工作有很多好处，比如，能有效缓解父母对我就业的忧心焦虑情绪；能为我"兜底"，让我在反脆弱的状态下，用轻松的心境发展自己的兴趣爱好，做想做的事情。

但一份稳定的工作，也带给我不少困扰，比如低风险、低回报、低收入，过早进入"舒适圈"，失去斗志和冲劲，成为温水中丧失生机的青蛙，结果就是当个稳定的"透明体"。

那时的自己没有钱去实现心中梦想，也没有足够的能量活得潇洒快乐，更不可能成为"发光体"。但因为不甘于眼前的平淡，所以在工作的 8 小时之外，我总是不由自主地思索：我是谁？我要去往何方？我该如何抵达？这个灵魂三问的答案就藏在人生之旅的隐藏版地图中，但往往需要人们花上数年才能找到。

我认识到，没有稳定的工作，只有稳定的技能。这场"稳定"与"被看见"的博弈中，我决定遵从自己内心的决定，以"稳定"为基础，竭尽全力让自己发出微光，哪怕从事的是一个最普通的岗位。

想通了这个关键点，我勇敢地跨出了"**破圈**"的第一步：**带着清晰的目标自我提升**。通过大量阅读和参加各类课程，在学习中践行，在践行中发现短板，再继续学习。曾经的我时间管理能力差，做事抓不住重点，总是努力了却没有结果。我下定决心做减法，聚焦当下最重要的事情，并且每次只做一件事。构建短期目标和长期目标两个维度的自我认知体系，用短期目标中那些看得见的努力成果，来激励自己朝着长期目标不断前进；再用长期目标中的阶段性总结，反馈到短期目标上，进行微调。坚持这样的科学调整，我发现自己的生活和工作,已经进入了张弛有度的良性循环,忙碌依旧,但一切变得高效且有结果。

接下来,我找到了"**破圈**"的第二步:**成为斜杠跨界的多面手**。在实际工作中,有相当一部分内容与我本身的医学专业联系不大。为了更高效地开展工作,我开始思考如何成为一个跨界人才。先从建立微习惯开始,不断培养自己的小技能,比如,读书并输出知识卡片,同时积极地在朋友圈和其他社交平台进行分享。每一次"输入-内化-输出"的循环,就是完成了一次自我成长。那些古今中外的行业先驱、大智慧者们提炼凝结的文字,或学习导师的宝贵意见,又或是在每次旅途中观察了解到的庞杂的知识……所有种种,一点一滴输入我的大脑,经过重新解构,变成全新的认知输出,这个过程于我而言意义非凡。

全新的工作、生活习惯带给我高效率,也让我越发忙碌充实,自然开启"**破圈**"的第三步:**和时间做朋友**。很多人都说时间管理的难度堪比翻越珠峰,特别是做了父母后,除了全力以赴地工作,还要照顾老人和小孩……忙到"飞"起成了常态,抱怨时间不够用已经成了口头禅。

《吉田医生哈佛求学记》一书的作者吉田穗波女士,是 5 个孩子的母亲,同时从事着职场最繁忙的工作之一——她是一名妇产科医生。既要保持旺盛的精力投入工作和学习,又要照顾好家庭,吉田医生实现了很多看似不可能的事。同样作为女性,同样作为母亲,同样作为医学领域的一员,我和吉田医生有太多的相似之处。

吉田医生通过文字告诉读者,她并非超人,同时也给出了一些很朴实的建议。其中让我最受用的是早睡早起,留出不被打扰的时间。晚上 9 ~ 10 点,和孩子同步入睡;6 ~ 7 个小时后,凌晨 4 ~ 5 点起床。既满足了睡眠时间,又充分享有凌晨安静的时间段,可以快速进入心流,工作起来特别高效。

此刻,是凌晨 4 点 55 分,我正一边享受着夜的寂静,一边喝着温润的柠檬水,一边在键盘上敲打出这些你们看到的文字。集中精力工作 2 ~ 3 个小时后(中途每过一个小时就起来活动一下,可洗漱、饮水等,避免久坐),时间来到 7 点,再通过 30 ~ 40 分钟的"回笼觉"和 20 ~ 30 分钟的运动,让自己保持一整天的充沛精力。用这样的作息模式,对于好不容易"抢"到的时间,自己就会倍加珍惜,在日常生活中不会浪费一分一秒,更加不会拿起手机刷刷刷,任由时间白白流逝。

在长期目标的引导下,所有的正向积累内化为核心竞争力,实现一次次的自我迭代。我享受这种被看见、被肯定、被需要、被赞许的感觉,我突破了"小透明"的卡点,马斯洛需求层次一路上升到自我实现的层面。内心的丰盈让我充满自信,我要掌控自己的人生。

自己发光,是为了照亮他人,赋能彼此

成为"发光体",满足被看见的需求,只是第一阶段。如果你正在发光,也请记得要照亮同行的人。

一个人走得快,一群人走得远。在自我实现的旅途中,孤独总是不期而至,但随着自身能力和影响力的提升,会不断连结到新的事业伙伴,会邂逅愿意同行的伙伴。要想走得足够远、足够快,和志同道合的伙伴携手前行,彼此赋能,更容易达成目标,也是实现跃迁的高效途径。

有这样一群人,我们可以彼此充分信任,这种与生俱来的团队关系产生于家人之间。家是人际关系组成的最小单位,把家庭成员的关系处理好,就有足够的能力将沟通力、倾听力、共情力迁移到工作团队上。能够在家庭这个小团队中,激励每个家庭成员活出精彩的自己,也能够将激励场景迁移到工作团队中,打造出积极进步、正能量拉满的团队。

也许你已经发现了,和家人的关系确实会影响自己在工作中的状态。

如果有一个团队,死气沉沉、机械且缺乏创造性,成员关系不够紧密,每个人都是为了完成工作而工作,这时,请把焦点转移到团队领导者身上,你

大概率会发现,他在家庭里中也是缺乏柔情和温暖的人,所以在团队中才给人一种缺乏激情、毫无温度的感觉。

曾经的我,就陷入过这样的境地。作为团队的一分子,当然希望自己的团队充满活力,有着无往不利的爆发力。我每天都积极、主动地投入工作,但仍有伙伴给我反馈,说我缺少亲和力。我当时有些不解:我明明已经面带微笑了啊,为什么还被评价为缺少亲和力呢?

我没有被动接受现状,而是主动思考破局。我尝试了很多方法,比如,请伙伴吃饭,拉近彼此的距离;谈论工作时,尽量使用更加柔和的语气等等,取得了一些表面的效果,但情况并没有从根本上发生改变。后来,我发现了一个重要的因素,在那段时间,我正在和先生冷战。我每天都在外面和朋友吃饭,吃完饭回到家也是一副冷冰冰的样子,把对方当成空气,不到万不得已,不主动发声。坦白说,在这样的家里生活,真的不快乐。家没有了温度,也没有了疗愈功能,产生不了一丁点儿输出亲和力的能量。虽然我在工作中已经尽力调整,提醒自己面带微笑,但职业性微笑的背后仍然缺乏温度。那段时间的我,缺乏的不是亲和力,而是产生亲和力的能量源。

经过一系列的自我分析和调整,我意识到自己的行为已经背离了"打造良好的家庭氛围"的初心。遇到再生气的事情,我们有权选择用不忘初心的态度去对待伴侣或者其他家庭成员。我跨出了转变的第一步——用柔和的语气和先生沟通,令我惊喜的是他的态度好得超出了我的预期。

在之后的日子里,我始终关注先生的需求,将自身的能量注入到他的需求中,渐渐地,彼此都感觉到对方的诚意和久违的温情,家又成了我们的温馨港湾。这时,我脸上的笑容是发自内心的,这份愉悦和亲和力才能感染别人。

为了营造更和谐的生活、工作氛围,创造更多的价值,为团队赋能已成为每一个团队成员的必修课,要完成这项任务,我们自己应该具备相当强的势能。自己要有满满的能量,才有可能在团队中持续输出能量。

给团队成员赋能,我们需要给大脑植入"复杂系统处理器",它关乎你要连结的个体的心灵。

你需要主动关注并满足你想要连结的个体的需求。不管是你的合伙人、团队伙伴、家人、朋友,还是客户,当他们出现在你面前时,怎样才能让对方愿意与你合作、听你的建议、跟随你、支持你呢?

首先,当你看到或想到他的时候,浮现在眼前的除了他的脸,还应有他专属的马斯洛需求层次图。随后,你需要通过自己的"复杂系统处理器",看到并读懂他的需求,包括安全感、爱与被爱、尊重、自我实现等等,这样才算真正看见了他,才能真正听到他说的话、理解他的内心。只有你懂他,你们的沟通才会无比顺畅,对方会把你当作难遇的知己,知己给的建议,通常都会被无条件地采纳。

我以前玩过一个医院模拟经营的游戏,在玩家建立的医院开业后,每天都会迎来许多病患看诊,每个病患头上都会悬浮一个"?",点击它就可以看到病患当下的需求,哪里不舒服、想喝水还是想休息等,游戏的目标就是在尽量短的时间里满足一个又一个"?"的需求。

根据这个游戏所带来的启发,我总结了一个拿来就能用的方法,可以在一定程度上帮助你读懂对方。现在,请先在脑海中形成一个马斯洛需求层次图,并始终将它悬浮在你正在交谈的对象的脸旁边。当你和需要连结的人对话时,请时刻关注他的需求,用心倾听、用心感受,把自己的光和能量注入对方的需求中去,给予他最大的支持。你会发现,和你沟通完,对方整个人都眉舒目展,对你怀着肯定和感激。

中国文化里有一个把影响力发挥到极致的人——宋江。小时候看《水浒传》,我一直想不通为什么那些才能卓越、武艺超群的人死心塌地跟着看起来平庸的宋江,还为他赴汤蹈火、在所不辞,他是不是有什么超能力?现在想来,这种超能力就是读懂和感知他人需求,并恰如其分地满足他人需求,正因为有了人际交往、团队管理中的超能力,所以才能将一群优秀的人凝聚在身边。当我们掌握了这种能力,为自身积聚能量,才能真正带领团队成员,为彼此赋能,创造更多的价值。

在飞往自己心中的山的旅途中,学习、恋爱、交友、事业……总是悄无声息地贯穿我们一个个看似平常、波澜不惊的日子,用怎样的心态去感知身边掠过的景色，直接影响事件的结果和自身的感受。

  总结过往，我发现训练自己，保持对自己和他人需求的尊重，读懂彼此，用自身的光与能量去满足对方，向外付出，无我利他，才是真正地爱自己。希望大家都能感受到自己内心的丰盈，如破局之刃，无往不利。

倪映琼

DISC国际双证班第42期毕业生
传播生涯智慧的成长型妈妈

扫码加好友

倪映琼^AIA BESTdisc 行为特征分析报告
SCD 型

DISC+社群合集

报告日期：2022年04月02日
测评用时：05分42秒（建议用时：8分钟）

BESTdisc曲线

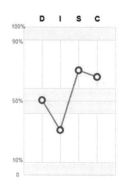

自然状态下的倪映琼^AIA

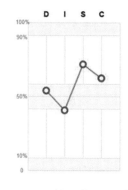

工作场景中的倪映琼^AIA

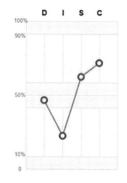

倪映琼^AIA在压力下的行为变化

D-Dominance(掌控支配型)　I-Influence(社交影响型)　S-Steadiness(稳健支持型)　C-Compliance(谨慎分析型)

在倪映琼的分析报告中，她在自然状态和工作场景下的 S 特质较高，表明她在工作和生活中，关注他人的感受，给人平易近人的感觉，有同理心。在压力下，C 特质升高，表明在压力状态下，她会更加关注做事的流程和细节，更为细致谨慎，会思考更多潜在的风险，通过制订计划，确保结果的达成。

学习、实践和确认下的定位故事

你可曾想过你是谁？你生而为人的意义是什么？你有什么优势？你是否曾经被这些问题折磨得夜不能寐、辗转反侧？

曾经的我，苦苦寻找这些问题的答案。苦思而不得之时，总是期待会有一个神仙飞到我的面前，递给我一张纸，上面写着我一生的经历。拿着这张纸，我就撇下所有，去完成纸上的任务，也就完成了我的一生。苦思时，我甚至忘了继续前行，在等待中，时间消磨殆尽。

现在的我，终于不再等待，而是走出去，一边学习，一边寻找，一边实践，一边确认。在寻找自己定位的过程中，我发现这个过程是缓慢而坚定的，也是逐渐改变的：先是职场合作关系的调整，然后是家庭关系。通过职场关系、家庭关系的调整，我越来越确认我是谁，无法一蹴而就。

那么你呢？还在原地寻找你自己吗？

DISC，帮我搞定职场人际关系

我从未料到，会在 4 年的时间里，听命于 12 位直接上级，和不同的业务部门合作，所在部门一次又一次重组。而更出乎我预料的是，我能够和这些不同的人顺畅的合作。

这要感谢DISC，感谢海峰老师的讲授和DISC社群各位师兄、师姐的分享，我看到了每个人都有自己的行为风格，深刻体会到懂比爱更重要。

大家猜猜看，D、I、S、C **四种不同类型的人，哪一种特质的人适合做领导**？

学习之初，我以为只有某些特定行为风格的人比较适合做领导，直到遇到了不同风格的领导，我才发现不同行为风格的人都能做领导。

我们在生活中，会经常看到很有魄力的D型领导，他们的决策速度很快，说一不二，很喜欢下达命令。我有时候会觉得他们有点暴脾气，对人呼来喝去，在管理上，会让下属感觉简单、粗暴，眼里只有目标，只有事情，没有人，他们认为只有功劳、没有苦劳，也不管下属跟不跟得上。

和D型领导合作，我掌握的经验是要紧跟领导步伐，展示高效的执行力，汇报工作结论先行，再讲过程，讲重点，不废话，工作进度及时反馈，主动汇报。不知道进度的D型领导很容易不安，他们一不安，就很容易把工作全抓在自己手里，下属容易觉得没有价值感和成就感。

I型领导也很常见，他们很能跟员工聊到一起去，他们很善于描述愿景，用大白话讲就是"画大饼"。他们最大的挑战就是这个饼画太大了，有时候难以兑现。慢慢地，我也学会听听就算了，有时候特别重要的内容，还需要给I型领导发邮件确认。我遇到一个特别爱聊天的I型领导，每次找我聊天，我都很头痛，聊了半天，活还没干完，所以，我叫苦不迭，要等到她换下一个"聊伴"，我才能解脱。你身边有这样的领导吗？

我自己的I特质比较少，不爱闲聊，但为了能够和I型领导更好地合作，我的经验是要热情地回应他们，对他们的话保持好奇，多多回应他们的感受，帮助他们把工作做扎实，尤其是他们容易忽略的细枝末节。

S型领导，我也遇到过。他们为人特别好、特别温暖，但对他们来说，一个不断变化的环境是很大的挑战，他们很难做到路见不平一声吼，该出手时就出手，容易考虑很多。有时候，在S型领导的团队中工作，会容易受委屈，因为他们不善于推掉不属于自己的工作，团队成员难免会有怨言。

对于S型的领导，我们要信任这种温柔的力量，在沟通中适当放慢节奏,温和沟通,关注他的压力,让他感受到被支持、被信任,有事主动汇报,汇报工作时要全面、具体,因为他希望考虑到更多人的感受和利益。

C 型领导对自己和他人的要求都高,有时候让别人不敢亲近,我印象最深的 C 型领导就是这样的。那一天上午 9 点半,她入职,11 点我去找她汇报工作,在我陈述完目前存在的一些困难后,她直接打断我,"告诉我事实,不要和我讲感受"。从那之后,每次向她汇报工作,我都会先把数据和事实梳理好,给她留时间去思考和决策。如果不是我知道了她的高标准,也很容易对她产生误解。

和 C 型领导合作,一定要保证良好的逻辑性,用数据和事实说话,在细节上 0 差错,说话避免主观的说法,少说"我认为,我肯定",切勿夸夸其谈,也要避免主动询问他们的隐私,C 型领导和人的距离会比较远。

我们说 D、I、S、C 是行为风格,是外在的行为表现。行为风格不是一成不变的,对自己和环境有了更多的了解之后,我们可以逐渐去调整我们的行为风格。比如,一个很外放的 I 型会计,如果到了华为狼性文化的环境里,他可能也会变得更有目标导向,也许会逐渐具备 D 特质。

在四年的时间里,我虽然换了不同风格的领导,但始终好好地留在公司,并且还取得了不错的工作绩效,这都是因为我进行了有意识的调整,既保有自我,也让行为风格能够符合领导的预期。

通过 DISC 的学习和应用,我看清楚了自己,也看懂了别人。我看到,原来自己是一个任务导向、深思熟虑的人,我也打破了很多对自己的偏见,看到自己原来可以和那么多不同的人合作。

优势,帮我与原生家庭和解,让我更自由

在职场上,基于交换和合作原则,很多事情可以就事论事、一一拆解,但

在家庭中,基于爱的原则,很难讲理,我们总感觉被一些情绪干扰了自己的决定。

比如,当爸爸对我的决定表示不认同之后,我很快会对自己失去信心,从而导致很多新的尝试停滞,甚至失败。当我在往前走的时候,我的眼睛一直在看着我的爸爸,特别期待能够得到他的认可。

我总觉得爸爸看不上我,我的很多做法在他看来就是"天真、幼稚",不管是选专业、选职业、选老公,通通和我爸爸的设想不同,甚至我一度怀疑,我们是否天生相克。

尽管这些年,我在冲突中不断调整与爸爸的相处模式,更能够从理性的角度去思考他当年的很多做法,但总感觉还差点什么。

真正的突破是在"优势星球"参加的 5 天发现优势之旅训练营,通过那个训练营,我有很大的收获,我猛然发现原来不是爸爸不爱我,而是我期待爸爸能够按我期待的方式来爱我,然而我们的天然优势是不同的。

我的引领力优势是很强的,引领力的特点是愿意做决策,对此自信,并且为此负责,厌恶失控,极度需要掌控感,擅长演讲,需要听众,享受有听众。比如,我对家里人每天喝多少水、吃什么都会做好规划。我需要把握自己的方向,我内心的想法是哪怕最后我选择的不适合我,我也不要给自己机会去埋怨父母,因为我的人生只有我能过。

而我爸爸的分析力优势突出,他总可以在事情的来龙去脉里抓住关键,他会考虑影响大局的各种因素,再加上他自身的经历,所以特别希望给儿女规划出一条坦途,所以我和他说什么新想法,经过他的分析之后,大概率会告诉我不可行,这无疑是一盆透心凉的冰水。

他和我形成了冰与火的模式,我想大跨步向前,我爸想拉住我说,缓一缓,想清楚。

而在之前,我只会单纯地认为,我爸看不上我,我爸不爱我,殊不知其实是我们的优势之间存在冲突。意识到这一点之后,我感觉天空晴朗了,我和爸爸之间无形的距离缩短了。陪他过马路的时候,我敢挽着他的手了,这是过去 30 年都不曾做过的事情啊!

很多东西看起来还是一样的,比如,我爸还是会忍不住泼冷水,我还是会坚持己见,但我知道我们之间的关系已经不一样了,我可以坦然地往前走了。解决了这一点之后,我在自由职业的道路上有了很大的发展,我有了稳定的可信赖的服务平台,有可以发挥自身价值的实践机会,也有了兼顾多重身份的灵活时间。

不仅如此,我也通过看清自己和家人的优势,打造了一个坚固的家庭支持系统。我看到婆婆身上关系维度的优势很突出,她不管在哪里,都能快速结交朋友,这一点是我羡慕的,孩子们和她相处很开心,也因为婆婆善于待人接物,孩子们在小区里有自己熟悉的玩伴。我不再只看到婆婆的不足,而是看到婆婆的优势,婆婆在深圳帮我们带孩子的日子也越过越自在,我们的家庭也越来越和睦。

优势使我相信,我们每个人都不同,而不是不好。看到不同,接纳不同,创建不同。你知道你有什么优势吗?很多人不知道,甚至认为自己根本没有优势。

事实上,每个人都有优势,优势是天生的对世界的感受、反应和行为方式。

有的人喜欢"听话照做";有人需要分析验证之后再行动;有人因为责任,全力以赴;有人因为害怕风险而步步为营;有人因为成就感而每天动力满溢;有人只做符合自己价值观的事情。每个人都不同,这些都和我们的优势相关。

从神经心理学的角度来说,大脑中有一种结构叫突触,它把神经元连接在一起。从出生起,突触的数量就呈指数级地增长,到3岁时到达巅峰。这个时期也是大脑生长的"洪水时期",这个阶段,孩子会疯狂地吸收感知到的一切。

随着年龄增长,突触开始慢慢减少,到16岁时,数量会减少到3岁时的一半。与其说减少,不如说是突触在自我优化,有些会固化和稳定下来,有些会缩小、消失。那留下来的会继续壮大,不断连接,更加稳固,而这些便承载着我们大量的思考、感受和行为。所以,每个人的大脑中天然就有这些稳定下来的突触,所以每个人都有天生的优势。

其实你的优势就藏在每天的每一件小事里。比如,你和朋友去吃饭,有些人擅长组局,有些人会把路线图画出来,有些人会上大众点评看推荐菜品,有些人会张罗大家点菜,有些人会主动去拿小菜,有些人会带大家一起玩游戏。

那么,怎么在生活中、在过往的经历中找到自己的优势呢?秘诀就是去挖掘你的"强""想""忘""爽"体验。

"强",做这件事的时候觉得自己很强大,不畏惧旁人,甚至是专家的议论或嘲讽。哪怕你现在还不够"牛",但你就是觉得自己能做好。

"想",什么事情是你不用逼自己,总忍不住想去做的,做完之后还想再做一次。

"忘",什么事情是你牺牲休息时间也要去做的,有时候甚至忘记上厕所,忘了吃饭,做的时候会忘记时间,感觉时间过得很快,有心流的感觉。

"爽",什么事情在你做完之后,有巨大的满足感,还想再来一次,这种爽不是刷剧、打游戏等回想起来很空虚的爽,而是让你骄傲的爽。比如,完成一次演讲,写完一篇文章,招待好一次客人都算,不是公司规定,不是公司要求,不是市场需要,但你很想去做,而且你天生比10000个人做得好。

你在做哪些事情的过程中,是有"强""想""忘""爽"体验的?

定位不是给自己找一个看起来多么浮夸的标签,而是实实在在、真实地生活。经过这些年的探索,从职场人际关系的调整,再到对自己和他人优势的觉察,我越来越看清楚了自己,我是一个陪伴孩子成长的妈妈,是一个传播生涯智慧的自由职业者,这些就是我学习、实践和确认之后的成果。

白新宇

DISC国际双证班第50期毕业生

企业管理顾问

赋能教练

扫码加好友

白新宇 BESTdisc 行为特征分析报告
CS 型

DISC+社群合集

报告日期：2022年03月31日
测评用时：06分22秒（建议用时：8分钟）

BESTdisc曲线

自然状态下的白新宇

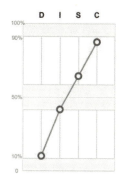

工作场景中的白新宇

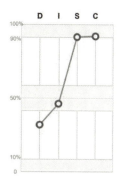

白新宇在压力下的行为变化

D-Dominance(掌控支配型)　I-Influence(社交影响型)　S-Steadiness(稳健支持型)　C-Compliance(谨慎分析型)

在白新宇的分析报告中，三张表里的 C 特质最高，表明白新宇做事情始终严谨认真，关注细节，严于律己。三张表的图形大致相同，表明工作和生活中的白新宇不会刻意掩藏自己。在压力下，S 特质升高，表明在有压力的时候，白新宇会更加关注他人的感受，既要求自己把事情做好，又希望让大家都满意。

如何通过社群加速成长

每个人都有自己的人生之路,都想要活出不一样的幸福人生,但是在学校时,从来没有一门课程告诉我们,该如何过好自己这一生。

大学毕业后,一下子步入社会,进入全新的评价体系,从只看成绩这一统一标准到全面评价,让人的内心难免产生焦虑和迷茫,会不确定自己到底做得对吗?做得好吗?

幸运的是,我遇见了 DISC 社群。在学习 DSIC 的过程中,我逐渐找到了自己的人生方向,加速了自己的成长。

如何通过社群加速成长,我们用 DISC 这样做。

D——目标明确,多学习

对于刚刚步入社会的年轻人而言,最需要知道的是自己接下来 3～5 年的目标是什么、未来要做什么、要去哪里。如何确定自己的目标和方向呢?可以从以下三个方面去思考。

首先,要迅速确定这一辈子必须掌握的三个最为重要的通用能力。 开始不清楚不要紧,可以先从自己的专业开始了解,看看自己的老师、领导,他们所拥有的哪项技能是你最想拥有的,记下来;然后可以去问问社群里的牛人们,让他们说三个对于他们来说最为重要的能力,以及该项能力为什么重要;最后再通过人、事、网、书去探寻自己认为感兴趣的能力。

经过整理、确定三个能力后,下一步就是去找在这方面有研究的人咨询,了解如何提升和精进这些能力。比如说,写作能力,即便写作拥有很多细小的分支,我们可以非常方便地找到相关的课程和老师。所以,无论选择了什么方向、什么能力,既然决定了,就要扎实地去训练,并且要去找老师进行指导,让自己的能力稳步提升。

其次,在训练通用能力的基础上,要让自己独立起来。一个人真正的成长就是能够为自己的决定承担相应的后果。独立对于一个人来说至关重要,当我们的经济受制于家庭的时候,你可能无法去做自己想做的事情;如果我们没有独立思考的能力,那很有可能就会人云亦云,谁说得好听就相信谁,完全不考虑具体的事实,可能导致被人利用。

想要拥有独立思考的能力,就需要去广泛地阅读经典书籍,去思考书中的观点是否正确,其隐含的内在假设又是什么。阅读会让头脑更加灵活、拥有稳固的价值观,从而支持自己更为坚定地找到目标。

最后,在寻找目标的时候,可以通过一些测试工具来发现自己的优势和特点。比如说,通过 DISC 的测试,了解自己是哪一种行为方式,也可以通过 DISC 建模,了解自己比较偏向于哪些类型的工作。这样,在不断学习的过程中,就会逐渐清楚自己想要的到底是什么。

——学会主动,多连结

DISC 社群是一个丰富的海洋,有来自于各行各业的优秀学长、学姐,那么,要如何去获取自己想要的资源呢?

对于不同性格特质的人来讲,可能会采用的方式不同:D 特质的小伙伴可能会直接根据自己的具体目标去寻找相关的学长、学姐;I 特质的人会自来熟,遇到大家都聊两句;S 特质的人会更多地纠结自己的内心世界,或许会迟迟难以行动;C 特质的人更愿意相信自己的逻辑,而不会特别主动地产生连结。

我刚参加课程的时候,只是想要更加了解自己。慢慢地,我却惊喜地发现,身边的同学们都是各行各业的精英,这让我好奇极了,特别想知道他们是如何变得如此优秀的,可最初的我并不敢提出自己的问题,只是默默地关注着大家。

好在 DISC 社群里总是有各种各样的沙龙和活动,无论是线上,还是线下,每一次只要有时间,我就会去参加,近距离观察大家是如何做活动、如何讲课、如何去运营社群的,参加的次数多了,就会跟大家熟悉起来,就有更多的机会去跟大家交流、碰撞,会在不知不觉中获得成长。

想要通过社群产生连结,还有特别重要的一点是自己能够被他人信任,让人觉得靠谱。比如说,在翻转课堂主动申请做学委,去为分享嘉宾做海报,去导出语音,去做文字跟进等,这些都能够耐心、细致、高效地完成;申请做班主任、助推团长、助推,让大家看到你的能力和责任心。每一个人都愿意去认识和了解一个靠谱、积极、主动的人,而这样的人有问题和疑问时,也会更加容易获得解答和帮助。想要快速成长,我们需要主动一点,再主动一点,抓住每一个可以让自己开阔视野和锻炼能力的机会,让自己站在舞台上,让自己更容易被看见。

S——助人达己,多付出

在 DISC 社群,总会感觉到被照顾得很好,无论你来或者不来,这里的一切都在向你表示热烈欢迎。在我的记忆里,只要是关于 DISC 的地方,就会充满爱。不管是两三天的 DISC 双证班、授权讲师 A 班,还是那些说来就来的福利包班和各种活动,总会让你恨不得自己有三头六臂来抓住机会,跟着大家一起学习、一起收获。

在双证班,我总会惊奇陌生人之间的距离为什么会拉近得如此之快,就像多年未见的老友;在双证班,我总会感慨为什么大家都是自愿默默付出,而且团结一致。

在这样的大环境里,曾经敏感、内向的我也渐渐打开自己。在遇见了 DISC 之后,我知道懂比爱更重要,知道了自己有责任来让身边的一切变得更好。家的气氛、同事之间的关系都可以运用一些科学的方式、方法来调节,不能去改变他人,就好好提升自己,努力去影响身边的人。慢慢地,我的身边充满了温暖,我看到了每个人心中的爱和坚守,感受到了自己的生活在慢慢变得更好。

能够在这样的环境里成长,也让我想要去为社群贡献力量。我很想去做助推,但是一直担心自己的能力不够、做不好,以至于在课程结束后就一直观望着,迟迟没有行动。终于,在一次翻转课堂里听到要"放下你的恐惧和骄傲"时,我立即行动起来,去申请了 F60 的助推,并如愿以偿。

在我看来,做助推是一份爱的传承,是想尽一切办法让小组成员感受到 DISC 大家庭的温暖与支持。当我抱着这样的念头时,我就会去想我的小组成员们想要怎样的支持呢?我能够帮助他们做些什么呢?而我又拥有什么资源?

我觉得做助推,首先应该对课程内容很熟悉,于是我会去读很多遍海峰老师的"红宝书";之后,我又觉得做助推应该要会解读报告,于是又积极地学习报告解读;最后,我发现对自己来说,最大的挑战还是如何克服自己的内在恐惧,真正自信地与人沟通、交流,而在这一点上,对我帮助最大的是我们的整个助推团队。他们说 S 特质的人,拥有非常强的同理心和照顾好他人的能力;还说,爱笑的女孩运气不会差。他们鼓励我,更会提醒和带着我一起去完成任务,一起拍照,一起复盘。做助推之后,我才发现,我开始只是想贡献自己的力量,但是因为有这份信念,自己学到了更多知识,认识了优秀的小伙伴,最后收获了一次非常有价值的人生之旅。

"赠人玫瑰,手留余香。"当我们想要真正去支持他人的时候,就会激发出自己的内在动力,让自己主动去寻找资源、获得成长。在人生的成长道路上,总是免不了期待有他人的帮助,遇到贵人,期待过得舒服一些。其实,人生是一条漫长的修行之路,在遇到贵人之前,要学会先做自己的贵人,要先懂得付出,去做那些力所能及的事情,并且尽全力做到最好。这样,每一件小事情积累起来,你就会逐渐发现那个优秀的自己。

C——认真细致,多思考

没有记录就没有发生,无论在社群里做了什么,又学到了什么,想要获得更大收获的最好办法就是写下来。记下来那些你认为美好的时刻,到底自己是做了哪些事情,才会如此满意;也要记录下那些让自己内心产生触动和不太舒服的瞬间,去思考是什么让自己有了这样的感受,而这样的感受在告诉自己什么?要做出怎样的改变呢?

在成长的路上,总会有迷茫,在态度上要认真、踏实,但是并不能因为要思考就一直不行动,会让自己总是处于一种没准备好、我还需要再准备准备的虚假努力中。所有的思考应该是建立在对行动的回顾和复盘上,未来的路很长,需要用双脚去丈量、去试错、去发现自己的不足,然后及时弥补、更新迭代。

一个人到底要成为什么样子,只有自己才能回答。DISC 社群给了我们增加生命宽度的机会,积极参与进来,相信时间的力量,你终会成为那个梦想中的自己。

第六章

职场增值

> 成功不是瞬间的惊天动地,
> 而是持久的厚积薄发。
> ——DISC+社群

职场增值

成功不是瞬间的惊天动地，
而是持久的厚积薄发。

《知识经济呼唤管理教练》

作者：柳梅芳

价值管理，催生管理教练。
有效对话，激发员工智慧。
架构体系，掌控目标成果。
管理教练，性格优势与挑战。

《职场逆袭，寒门女孩你可以》

作者：任晓蕾

一个"80后"寒门女孩，用10年实现职场逆袭的真实故事。
学习，拓展能力边界；转型，机会源自不断挑战。
向前，我们可以改变世界；深耕，用人才测评为更多人赋能。

《用分析能力助你克服职场难题》

作者：亦如

想知道如何从"理科恐惧生"到"分析达人"吗？
起步——分析能力从短板到强项；
破局——跨行互联网行业和咨询行业；
开拓——进入在线分析报告新航道。

《产品经理心理建设三境界》

作者：雨玫（解敏）

第一层，自我证明阶段；
第二层，利他合作过程；
第三层，人生价值追求。

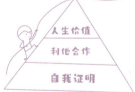

《快速提升团队业绩，调频不如调人》

作者：毕鸿波

用DISC探究人性，
将DISC应用到实践中，
不仅能使人际关系变得密切，
还能快速提升团队业绩。

柳梅芳

DISC国际双证班第78期毕业生

中小企业人才发展顾问

高绩效管理教练授权导师

扫码加好友

柳梅芳 BESTdisc 行为特征分析报告
CS 型

DISC+社群合集

报告日期：2022年03月31日
测评用时：11分22秒（建议用时：8分钟）

BESTdisc曲线

自然状态下的柳梅芳

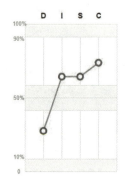

工作场景中的柳梅芳　　　柳梅芳在压力下的行为变化

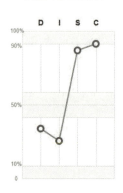

D-Dominance(掌控支配型)　　I-Influence(社交影响型)　　S-Steadiness(稳健支持型)　　C-Compliance(谨慎分析型)

在柳梅芳的分析报告中，三张表里的C特质均为最高，显示出她是自我要求严格、做事严谨细致的人。和自然状态下相比，她在工作中的I特质提升，表明工作中的她比平时更加愿意主动沟通或者表达自我的想法。在压力下，C特质和S特质都提升，表明感到压力时，她会更加关注细节和品质，通过收集更多信息、制订详细的计划来确保结果的达成。

知识经济呼唤管理教练

由工业经济进入知识经济,商业环境呈现快速变化和个性化的特征,传统的指挥、命令、控制式的管理模式已无法适应现代企业,世界性的管理难题摆在我们面前:如何管理知识员工?

据不完全统计,员工的智慧在企业平均发挥不到20%,80%以上的智慧都白白流失了。一些证据表明:企业的根本问题既不是财务危机,也不是战略问题,而是管理者失职,因为管理者缺乏新的管理技术,导致员工的智慧流失,给企业带来不可估量的隐性损失。如何充分发挥员工的智慧,为企业创造价值呢?

价值管理催生管理教练

从工业经济时代到知识经济时代,管理对象从机器转变为人,管理的方式也发生了巨大变化。美国企业管理之父爱德华兹·戴明(W. Edwards Deming)博士提出了价值管理,倡导由智慧来牵引,管理的焦点是效益,也就是如何让每个环节的价值最大化。

价值管理催生了管理教练,解决了"如何管理知识员工"这个世界性的管理难题。管理教练就是让人的价值最大化,正如我的导师——管理教练技术创始人、组织教练专家沈军 Colin 教练在《管理教练——以成果为导向的价值管理模式》中提到的那样:"企业管理者成为教练,用员工的智慧为企业创造价值。"

管理教练技术目前被世界 500 强企业广泛采用,其核心是在不额外增加人力和物力的情况下,企业管理者成为教练,像体育教练训练运动员一样去管理知识员工,以目标为核心、以成果为导向,通过有效对话、引发知识员工的智慧,让员工由被动变为主动,从而快速地将目标变为成果,形成知识经济企业的核心竞争力。

沈军 Colin 教练在《管理教练——以成果为导向的价值管理模式》一书中,阐明了管理教练创造高绩效的核心原理,并为我们应用管理教练技术提供了思路。

有效对话引发员工智慧

沈军 Colin 教练从教练的角度重新定义了管理:"管理就是通过有效对话,引发员工的智慧,引发员工的醒觉性与尽责感,从而快速提升员工绩效的技术。"

如何通过有效对话,引发员工智慧呢?

从理论上来说,有效对话具备三个特点:一是"发现性",让员工有新的发现;二是"扩展性",让员工看到更多的可能性;三是"动力性",员工由被动变为主动。

从操作上来说,有效对话就是教练的问话能够通过当事人的演绎,让员工看到事实、触及真相。通过有效发问与有效聆听,构成有效对话。

作为一个教练,如何有效发问呢?如果想让员工把他的想法说出来,首先要问开放式问题(用5W1H开头,没有既定答案);当员工有了想法,跟他确认的时候,就问封闭式问题(已有既定答案,"是"或"不是"二选一)。教练发问时,要简单明了、多问开放式问题、少问封闭式问题,多问"是什么"、少问"为什么"。教练要通过发问来收集信息并核实,协助员工理清现状并发现新的可能性,让员工看见边界(盲点)并找到突破限制的方法和途径。

作为一个教练,如何提升聆听能力呢?最重要的就是闭上嘴巴、放空头脑,保持目光接触,避免帮对方接话,避免立刻下结论,甚至要忍住、不讲话。聆听不只是用耳朵去听,还要学会用眼睛去观察,用心去感受。通过教练的有效聆听,可以让员工的智慧呈现出来。

如何引发员工智慧?我们通过五个步骤来完成:建立教练关系,让员工参与进来;通过问话引发员工思考;鼓励员工勇于表达;在员工表达的过程中,引发员工探索的欲望;落到行动层面上,促成员工的承诺。

当员工带着问题来找上司的时候,传统的管理者会直接给答案。管理者成为教练后,虽然不给答案,但通过有方向性的问话,把握当事人思考的方向,这种方向是由对话架构来决定的。这里有个七步对话架构可供参考:

1. 发生了什么?【收集信息】
2. 当时的情况是怎样的?【区分事实与演绎】
3. 在这种情况下,你有什么建议呢?【引发员工智慧】
4. 在刚才讨论的方法中,哪几个是最有效的呢?【共同探索】
5. 这样做我们会取得什么成果呢?【成果导向】
6. 你的分析非常好,那你决定怎么做呢?【落到行为层面】
7. 你准备什么时候给我好消息呢?【促成承诺】

高绩效对话,概括起来就是八个字:看清事实,引发智慧。

架构体系，掌控目标与成果

现代企业的管理者每天到公司的作用，就是把公司订立的目标变为成果，为企业创造价值。如何实现这一点，我们通过七步地图来完成。

第一步：精准目标

管理教练首先要看得懂员工的目标，确认目标是否精准、可操作。我们一般把目标分成三种：愿景目标，员工的想法或者愿望；表现目标，看得见、摸得着、有成果的目标；行动目标，能够操作和行动的目标。

我们要协助员工，把愿景目标转换成表现目标，把表现目标转换成行动目标。

把愿景目标变成表现目标，必须具备五个关键要素，符合 SMART 原则（Specific 具体的、Measurable 可量化的、Acceptable 可接受的、Result-oriented 成果导向的、Time-bounded 有时限的）。表现目标必须同时具备三个条件：有关键词、有成果、有时间段，比如，2008年1月1日至6月30日（时间段），渠道商内部竞价的投诉率（关键词）从50%下降至0%（成果）。

管理者可以通过有效对话，让员工的目标更具有精准性和可操作性，比如，询问订立的目标是……？这里的×××（关键词）具体指的是……？×××具体是多少（数据）？看到什么就知道实现了这个目标？你愿意接受的目标是……？你想从什么时间开始、什么时间结束？请用一句话重新描述你订立的目标？

第二步：理清现状

当管理者给员工定目标时，员工总希望目标定低一点，管理者总希望把目标定高一点,很多企业把指标作为目标分解,这样会给企业带来危害,因此需要我们理清现状。

员工在企业至少有 a、b、c 三条线,a 是员工的现状,b 是企业对员工的要求(指标),c 是员工可以做得更好。先讲 b 线,指标来自于公司的战略,是对岗位的最低要求;a 线,这是管理教练的焦点;c 线,你如果想要员工做得更好,有两个影响因素,机制和文化。b、c 两条线都跟企业的战略有关。

只要员工看清楚了现状,80% 以上的问题自己都可以解决,所以理清现状尤为重要。如何看清员工现在的位置?理清现状的关键点就是用事实和数据去看优势、差距和问题点。比如,开展对话,现在的情况怎么样?还有呢?是什么令你在今天之前没有实现这个目标?还有呢?对于实现你的目标,现在最大的障碍是……?现在的最大优势是……?从刚才的对话中,你发现了什么?

员工看清现状后,80% 的问题自己能够解决,还有 20% 的问题和组织有关,如何解决呢?这就是我们要分享的关键价值链,也是管理教练的核心技术。

第三步:关键价值链

价值链,也就是价值的来源,常用的表现形式有两种:一种是线性的,比如保险业务员电话销售的价值链为"打电话-约见-面谈-成交";另一种是鱼骨图,比如影响生产节奏快慢的主要因素有设备故障、物料配送速度、工人熟练程度等。

价值创造的过程表现为价值公式,例如:保险费 = 客户数 × 保费/单 × 单数,价值公式就是价值的最终来源,它源自企业内部各业务单元创造的价值点,其中关键环节的价值点构成了关键价值链。通过价值的计算方法或影响因素,找到价值公式后,再通过 FEBC 法则(Faster 更快、Easier 更易、Bigger 成果更大、Cheaper 更省)找到达成目标的有效途径或方法,也就是关键价值链。

我们可以询问×××(比如保险费)是怎么来的？影响×××(比如生产节奏快慢)的因素有哪些？哪些途径(或方法)是比较快、比较容易、出成果比较大、比较省钱的？在这个途径(或方法)上,你要做(行为)的是什么？

第四步：行动目标

行动目标是怎么来的呢？依据的是过去的数据和过程数据。这里分享一个行动目标有效对话架构:通常我们在这些环节上的数字是多少？现在你想在这些环节上做到多少？

第五步：行动计划

计划有三个前提条件:

第一,必须要有表现目标(成果),即这个计划给企业带来的好处是什么？第二,必须要有关键价值链;第三,要有行动目标,便于做计划和跟进。

行动计划有以下五个基本元素:具体行为、时间段、方法、人选和资源。在上述五个基本元素中,人选是最关键的,它必须具备三个要素:可得到的、有意愿的、有能力的。

因此,面试人选时,可以这样架构问话:你认为我们公司×××岗位需要具有什么样的能力？你认为你具备其中的哪些能力？你做过什么,令你觉得你有这样的能力？你在目前岗位某一天的日程安排是怎样的？

在确定人选这个环节,除了评估候选人的意愿和能力外,还要看候选人的行为风格是否匹配,这时候 DISC 性格测评就可以发挥作用了。如果这个行动是支持性的、稳定的、重复性的工作,或者需要设身处地、有很强的共情能力,优先考虑高 S 特质的人选;如果这个行动与人互动较多、需要鼓舞他人、说服他人配合,优先考虑高 I 特质人选;如果这个行动是从大量的数据和信息中找出根本原因,或者要求做具体规划、注重细节,优先考虑高 C

特质人选;如果这个行动充满了挑战,或者要对结果负责,优先考虑高 D 特质人选。

第六步:行动

俗话说,"计划没有变化快"。因此,在行动中,教练一定要考虑行动的有效性和行为弹性,也就是这个行动产生的价值是什么,遇到了变化怎么做调整。

如何确保行动的有效性与行为弹性?这里给大家分享一个 TOTE (Test 测试、Operation 操作、Test 测试、Exit 退出)的管理教练策略:员工在操作的时候,教练对他的操作进行测试,测试操作是否有效。如果是有效的,就可以退出,说明这个行为是可行的;如果无效,需要重复操作,直到有效后退出。TOTE 实际上是由两个部分构成的,一个是在行动前,员工的上司(管理教练)给他做一个测试,让他知道他的行动的有效性在哪里。在行动中,员工就会自我测试,自己做调整,这个叫作行为弹性。

TOTE 有效对话架构,针对整理客户名单这个行为,教练的问话举例如下:你是怎么知道你已经整理好了客户名单?整理客户名单,你现在要做些什么?

第七步:行动后跟进

这里讲的教练的跟进,不是检查问题,而是协助员工做得更好。

做到这一点,我们可以使用 A(Action goal 行动目标)B(Behavior 行为)C(Consequence 结果)跟进教练技术。

行动后跟进的有效问话架构,可以这样进行:A——你的行动目标是……?B——你做了什么?行动的过程实际上是怎么样的?C——发生了什么?欠缺什么?其中的关键是什么?这些事实距离预定目标有多远?下一步应该做些什么?你打算如何调整行动与目标?

有人会问,如果员工真的经过思考,仍然找不到方法,而管理者从前遇到过并且解决得很好,这时候管理者还要不要憋住?答案是:继续憋住。如何把管理者的经验变成员工的选择呢?这就需要管理教练的回应技巧,注意三个要点:针对员工的行为和绩效,不针对心态;是客观、中立的事实和数据类的信息;没有主观假设和演绎夹杂在内。

同时,回应一定要具体,不可空泛,通过"下次你可以尝试一下……",指出新的行为,而非加入自己的判断和演绎。

管理教练的性格优势与挑战

从传统的管理者到管理教练,身份发生了变化,有三点需要注意:第一,抽离,不把自己的判断和意见强加给对方;第二,启蒙,引导对方看到以前未设想过的可能性;第三,利他,没有私心,只为帮助对方成长。这就是从控制者到支持者的转变。

如果要成为一个抽离、启蒙、利他的支持者,管理教练需要有四大信念:

1. 相信每个人都是独一无二、有智慧的个体;
2. 相信每个人都会为自己做出最好的选择;
3. 相信每个人都愿意做出改变并做得更好;
4. 相信当一个人被完全了解时,就能快速发展。

对于不同风格的管理教练来说,优势与挑战各不相同。

D型的管理教练,倾向于直接、坚定、意志坚强,优势为目标明确、成果导向性强,挑战为聆听时,难以设身处地,下属可能会有压力、隐藏事实或真相;I型的管理教练,倾向于外向、乐观,优势为善于表达、容易建立教练关系,挑战为聆听时,难以闭上嘴巴,不喜欢数据,难以善始善终、做到行动后跟进;S 型的管理教练,倾向于耐心、随和,优势为善于聆听、乐于做一个支持者和协助者,挑战为教练过程的节奏较慢、在关键环节需要更多时间才能向前推进;C 型的管理教练,乐于分析、更喜欢精确的内容并倾向于保守,优势为善于运用架构把握方向、对数据敏感,挑战为过于追求细节、容易陷入过度分析、可能会破坏教练关系。

每个管理教练都具备 D、I、S、C 四种性格特质,在管理教练技术架构体系的七步过程中,不管需要用到哪种性格特质,都能用得出来,这是管理教练发挥性格特质的最高境界。

发挥管理教练的 D、C 特质,可以协助员工精准目标、理清现状、提炼关键价值链、制订行动目标和行动计划;发挥管理教练的 I、S 特质,可以通过 TOTE 教练策略鼓励下属付诸行动,并做好行动后跟进和回应。

通用电气集团前 CEO 杰克·韦尔奇在中国之行中说道:"伟大的 CEO 是伟大的教练!"教练是领导力的最高境界。让管理者成为教练,不仅能为员工赋能、为企业释能,也能让管理变得更简单、更有效。

任晓蕾

DISC国际双证班第57期毕业生
知名人力资源公司合伙人
国际注册管理咨询师
国家职业生涯规划师

扫码加好友

任晓蕾 BESTdisc 行为特征分析报告
CDS 型

DISC+社群合集

报告日期：2022年03月04日
测评用时：06分24秒（建议用时：8分钟）

BESTdisc曲线

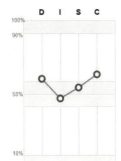

自然状态下的任晓蕾

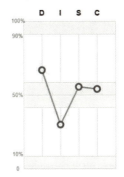

工作场景中的任晓蕾

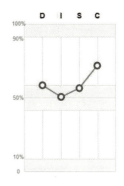

任晓蕾在压力下的行为变化

D-Dominance(掌控支配型)   I-Influence(社交影响型)   S-Steadiness(稳健支持型)   C-Compliance(谨慎分析型)

  在任晓蕾的分析报告中，她在自然状态下的 D 特质和 C 特质较高，表明她擅长通过制订计划，促进目标的达成。在工作中，D 特质有所提升，显示出工作中的她会更加聚焦目标，提升自己的执行力。同时，她敢于接受挑战，尝试突破自我。在压力下，C 特质有所升高，显示出在有压力的情况下，她会进一步关注细节和品质，通过详细的规划和分析，确保结果的达成。

职场逆袭,寒门女孩你可以

一个"80后"寒门女孩,没有名校文凭,没有任何背景资源,用10年的时间实现职业逆袭,成为知名人力资源公司合伙人,你想知道她是如何做到的吗?

学习,拓展能力边界

2010年夏天,我大学毕业了,当各大名企都争抢"211"、"985"和重点院校的毕业生时,作为一家普通院校的毕业生,我从农村老家坐着长途客车,一路颠簸来到省会城市郑州,顶着烈日穿梭在人才市场找工作,包里背着面包和矿泉水,去向企业投递一份又一份简历,敲开一家家公司大门去应聘。院校不好、起点低,不少企业将我拒之门外,于是我降低了期望值,先就业,再择业,找到了一份月薪800元的行政人事工作,从此进入职场。

刚进入职场的"小白"什么都不会,那些有工作经验的同事看起来都好轻松。我打字速度慢,办公软件用不好,总结规划不会写,打印机出现故障,不知道怎么处理,大家都很忙,也没有人带我,老被领导批评,怎么办?自己学习!

为了提升使用办公软件的技能,我买了网课,每天下班以后勤奋学习和实操,从只会简单打字到办公软件专家,只用了半年,大家有什么疑难杂症,都喜欢来找我解决,还经常笑称"你真是行政事务解决高手,可一定要留在公司,大家都离不开你"。

当基础的办公事务操作越来越熟练,解决了第一象限重要、紧急的任务后,我在思索,第二象限重要、不紧急的事情才能增强我的职场竞争力。既然我这么喜欢人力资源,需要系统提升人力资源专业技能,那就去考企业人力资源管理师吧!

同事特别不理解,说:"你干吗这么累呀,轻松一点不好吗?考什么证,民营企业根本不关心!"但我的内心很坚定,我要的不是证,而是个人成长和长远发展,我要持续学习,去探索能力边界!

每到下班时间,别人都出去休闲娱乐时,我一个人待在办公室里,全神贯注地学习人力资源管理专业知识,好几次总经理巡视公司,走到我的座位旁边,我都没有发现。默默备考一年,终于顺利通过考试,我记得,获得企业二级人力资源管理师证书的那天,阳光格外灿烂,我的心情格外愉快。

这个证书看似很多年都没有用,但是我知道是它让非人力专业毕业的我有了专业的底气和自信,10 年后,也正是因为这张专业证书,我才有资格去大学讲课。

如果你也是像我一样起点低、没背景、没资源的寒门女孩,是什么能让企业选择你且能让你在大城市立足?是爱学习、能学习、会学习!持续学习让你具备高潜力人才的素质,能学习让你具备不断升级迭代的能力,会学习让你在职场上快速实现跃迁!

转型,机会源自不断挑战

在职场的第一个阶段——定位期,我看到 HR 在民营企业中大部分处于职能支持的位置,没有地位和决策权,经常被当成打杂小妹呼来喝去,有能力却遭遇不同的对待,那么,HR 的出路究竟在哪里?

2013 年一次偶然的机会,营销中心有岗位空缺,总经理询问我是否有意愿转型做业务?并表示,我是第一个从职能部门挑选出来,转岗去业务部门的人选。我很好奇,领导看重我什么品质,才会给我这样的机会?总经理说他最看重的就是我对工作的热情、积极主动、持续学习、坚持不懈、勇于突破!

虽然没有什么经验,未来也充满了不确定性,但我还是毫不犹豫地答应了,因为我知道离业务越近,为企业创造的价值就越大,意味着成长更快、收入更高,于是我进入职场的第二个阶段——适应期。刚转岗的时候,我是"小白",既不懂业务、不懂产品,也没有客户,营销中心的老同事没有人看得起我,他们甚至在窃窃私语,这小丫头是凭什么关系转过来的吧?我内心有股不服输的劲儿,暗暗下定决心,一定要成为业务精英!

我早晨第一个来到办公室,提前开始工作,晚上处理完工作,还留在办公室看书,学习如何做好销售,《电话销售话术》《销售心理学》《网络营销》等一摞和营销相关的书籍随时放在手边。除了从书中学习,我还会把别人的经历作为学习材料,看优秀的销售是如何成交的、如何维护客户关系的,也会学习优秀销售的思维方式,比如出现一个客诉事件,别人都是怎么处理应对的,学习不同的看问题视角,用别人的思维方式来思考。现在,我的书架上仍然放着《世界上最伟大的推销员》,原一平与乔·吉拉德的财富传奇故事一直在激励着我。

即使我勤奋努力,也有经验不足而犯错的时候。有一次,合同出了一些细节差错,不仅被客户投诉,还差点给公司带来几十万的损失。我被领导骂得狗血淋头,一个人悄悄躲起来痛哭,哭完,擦干眼泪,继续去修改合同。

经过不断努力,2015 年,我成为独当一面的业务精英,鲜花和掌声越来越多,经常被总经理作为标杆榜样,让大家学习。内心强大的动力一直驱使着我不停地进步,我已经成为业务精英了,有没有可能未来像我的领导一样成为经理呢?于是,我遇事积极主动担责,只要有历练成长的机会,都不放过,外出参加展会;拜访客户,积累经验;自费参加培训,学习管理,提升领导力。2016 年,当公司的组织架构进行调整,有了经理职位空缺时,领导第一时间提拔了我。你看,公司并不会给你机会,帮助你提升能力,而是你能力提升了,公司才给你机会!

晋升经理后,我带领团队,把新版块业务从年营收400万做到了1000万,这是我在这家上市公司职业生涯的辉煌发展期,但同时,我隐约感受到了职业发展的瓶颈,向上发展的空间不足,我决定外出培训学习,去和那些优秀的人交流,去探索不一样的可能性!

向前,我们可以改变世界

2018年1月1日,我去深圳参加了DISC F57期授权咨询顾问和讲师班,在当时看来,这是个极普通的选择,今天再来回顾,我发现这个选择改变了我的命运。

DISC社群打开了一扇新世界的大门,这里聚集了全国3%的学习爱好者。玛格丽特·米德曾说过,永远不要怀疑一小群有思想、肯承诺的人可以改变世界,事实上,世界正是这样被改变的!

DISC的同学们来自于不同行业,他们热情、无私地分享、交流,海峰老师也给我们创造了超多包班学习的机会,两年间,我参加了刘子熙老师的TTT培训、陈序老师的五维教练领导力、Paul博士的商业教练、古典老师的生涯规划……每到假期,别人都在休闲度假的时候,我在高铁上、在课堂上、在写作业、在实践案例,家人和朋友一度非常不理解并嘲笑我,你那么努力学习有什么用?民营企业根本不需要!打工人做好本职工作就好了!

但我认为,在我们没有资本、没有好的发展机遇时,学习是我们缩小和别人差距的唯一方式,学习是可以让我们赢得更快的方式,是我们可以赶上别人的唯一武器,学习就是加速度!我相信,由内而外的提升一定可以帮我增加收入和扩大成就,只是时间早晚的问题!

我很庆幸在 Paul 博士的课堂上，探索到了自己的生命意图和愿景，成为一个幸福的、受人尊重的、有影响力的人。我开始思考，现在上市公司管理人员的工作，看起来体面又稳定，是否能够帮助我完成人生使命？如果答案是否定的，那应该如何做职业转型呢？

职业转型，首先需要用"生涯四看"进行分析评估。向上看，是否可以晋升到更高的职位。如果往上走至少还需要 10 年时间，这不是我想要的。向内看，我能否成为市场营销或销售领域的行家或专家？比较难，因为我并不是一线的销售人员，可以经常在客户现场，无法成为伟大的销售。向外看，成为生活家，平衡工作和生活，提高幸福指数，但是成就、影响受限，显然也不是我想要的，我更喜欢工作所带来的价值感和成就感。左右看，能否考虑其他的行业或职业？可以的！能否把我喜欢的人力资源和市场这两者结合起来呢？人力资源专业服务工作集专业和市场于一体，是不错的选择！

我重新梳理了自身的能力三核：知识、才干和价值观。我具备人力资源和市场营销的专业知识，具备两个领域 10 年的实践经验，且有 5 年带团队的管理经验；在才干层面，积极进取，勤奋好学，社交能力强，能以客户需求为导向，聆听、理解、支持他人，能与客户建立长期的合作关系；在价值观和驱动力层面，追求成长机会，喜欢学习、升级迭代知识，追求高挑战、高成就，愿意成就他人，愿意赋能、支持企业发展，能够从助人中获得满足感。从能力三核来看，我很适合做人力资源专业服务工作，也有能力和动力做好！

深耕，用人才测评为更多人赋能

正巧 DISC 的同学中有一位在河南本土深耕了 20 余年、极具规模和影响力的人力资源公司的老板邀请我成为公司的合伙人，负责人才测评版块，我毫不犹豫地答应了。因为我内心知道，这正是我热爱又擅长的事业，真是天时地利人和！你看，学习除了学习知识、拓宽视野，探索生命的无限可能，还可以遇到你生命中的贵人！

为什么会选择人才测评事业呢？过去的中国存在人口红利，当生活慢慢改善以后，人们更多关注生命的价值、愿景，人才市场原来是买方市场，未来将会逐渐演变为卖方市场，特别是疫情催生了更多自由职业。

经过科学的评估和计算，选错一名基层的人才成本每天最低200元，选错一名管理人员的成本将会是岗位年薪的15倍，看不见的损失极大，同时人岗不匹配也将会带来流失率上升、后期培养成本高等问题。那企业如何在招聘源头时就选对人，是至关重要的，人才测评在中国发展的前景不可限量。

于是，我进入职业生涯的第四个阶段——转型期，在2020年初，成为知名人力资源公司的合伙人。转型之路并不是一帆风顺的，做好专业服务需要全面的综合素质，有不少是在企业中不曾锻炼过的，比如公众演讲、活动策划组织、给更高层级的企业管理者授课等。

我还记得第一次组织活动时的焦虑不安，生怕有所遗漏；第一次上台讲课时，背了无数遍讲稿；第一次跨部门客户协同时遭遇的失败和指责。幸运的是，面对困难和失败，我始终追随内心的声音，从未轻言放弃。

别人躺在床上刷手机的时候，我在废寝忘食地学习，掌握专业知识。当遇到专业难题时，第一时间向资深老师请教，只要是和专业相关的学习机会，我都会想方设法抓住，观摩优秀的老师如何授课、控场、呈现。

于是，两年后，我快速成长为国际注册管理咨询师、国家职业生涯规划师、人才测评发展专家，辅导300多名经理人，实现职业规划的发展与突破，受到越来越多经理人的信任和支持、负责100多个来自地产、金融、互联网、科技制造、快消品和连锁零售等知名优秀企业的人才测评、盘点和人才发展项目，帮助更多的企业实现精准的人岗匹配和绩效倍增。

一家科技制造企业的总经理反馈，通过我提供的专业人才测评，企业从源头上选到了和企业价值观相匹配的高级人才，帮助企业的经营获得了跨越式发展，业绩翻了一番。一家零售企业的总经理反馈，人才盘点项目帮助企业建立了良性的人才梯队，解决了企业可持续发展的问题。一家互联网公司的副总反馈，人才发展项目通过提升管理者和核心人员的关键能力，帮助企业在5年内快速实现了战略目标……每当听到这些评价，我就充满了成就感和自豪感。

经理人在职业发展的四个阶段——定位期、适应期、转型期和平衡期都会遇到不同的困惑，经过专业的生涯规划师的指导、陪伴和支持，他们会找到新的方向，并结合自己的时间、经历、经验、技能、金钱、人际，做出最优的选择，少走弯路，不踩坑，规避职业风险，从而提升职业效能和幸福指数。

我曾和数百名HR探讨、交流过人力资源从业者的生涯规划，从HR专员、主管到HRM、HRD和HRVP，HR的成长路径会有两大方向：一个方向是在企业中，可以走专业线、管理线和业务线，走专业线可以成为人才发展专家、薪酬绩效专家、招聘专家等；管理线则可以晋升为人资经理、总监、总裁，但人力资源出身成为企业一把手的较少；走业务线则可以成为HRBP，成为事业群、事业部的"政委"，支持业务老大进行人力资源管理和决策。另一个方向是像我一样，直接转型业务，在企业外可以做咨询顾问、自由讲师、创业等等。但这里不得不提醒，转型做咨询培训，需要投入的时间、精力较多，要做好充分的准备，看似方向不少，实则能做出高度、知名度和影响力的凤毛麟角，所以有不少HR收入并不高，只是在温饱线上徘徊，还经常抱怨没有发展空间。

那么，能够帮助个人的职业生涯快速获得突破和成功的关键是什么呢？无非一句话——早期持续打造职业核心竞争力，后期快速打造个人品牌和影响力。

今天，"80后"的我在同龄人中的职业成就、收入和地位已经遥遥领先，回首10年职场路，我始终谨记"成人达己，臻于至善，爱着，工作着，度过快乐、有成效的一生"的座右铭。如果你和我一样有梦想、有追求，不要怕起点低，只要精准努力，没什么不可以！

如果你身处职业迷茫期,需要寻找方向或突破卡点,也欢迎联系我,山高水长,愿我们一起成为灯塔,散发光芒!不管遇到怎样的困难,请始终相信,职场逆袭,寒门女孩你可以!

亦如

DISC国际双证班第68期毕业生
数字化转型咨询师
商业分析师
管理咨询顾问

扫码加好友

亦如 BESTdisc 行为特征分析报告
CDS 型

DISC+社群合集

报告日期：2022年03月31日
测评用时：07分54秒（建议用时：8分钟）

BESTdisc曲线

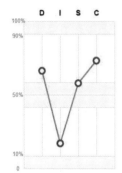

自然状态下的亦如

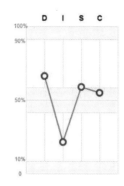

工作场景中的亦如

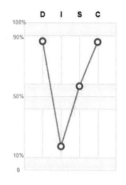

亦如在压力下的行为变化

D-Dominance(掌控支配型)　I-Influence(社交影响型)　S-Steadiness(稳健支持型)　C-Compliance(谨慎分析型)

在亦如的分析报告中,她在自然状态下的C特质最高,表明她擅长通过计划和分析的方式做事。三张表里的D特质也相对较高,表明她会聚焦目标,做事以结果为导向,敢于面对不熟悉或者有挑战的事情。在压力下,D特质和C特质都提升,显示出有压力时,她会通过数据的分析和有效的规划,促进结果的达成。

用分析能力助你克服职场难题

我是亦如,一名企业管理咨询顾问、商业分析师,致力于提升企业经营绩效,为企业提供经营分析诊断、出具改善方案、指导方案落地实施,同时还为企业及员工提供分析报告的写作和相关指导。

不知道你有没有在职场中遇到这样艰难的境遇:大量的工作问题亟待分析解决,还要形成分析报告;好不容易写出来后,却起不到想要的作用。比如,不能得到政府的审批许可,得不到投资人的投资,得不到上司的认可,无法协助获取想要的客户……

曾经的我也和很多职场新人一样,一到需要分析问题、写分析报告时就一筹莫展,找不到切入点,不知道该选用什么方法和公式,数据不知怎么获取,更不知道分析报告如何呈现,才能快速解决问题和有效地进行方案呈现。

谁又能想到,曾经理科极弱、数学最差,不善于分析的我,居然走上给企业分析、诊断、解决问题的专业道路,更让人惊叹的是,在疫情暴发后的短短一个月,我就开启了远程在线接各类分析调研报告的变现之路:通过**商业计划书**,帮助初创企业获得了投资人的青睐;通过**可行性研究报告**,帮助企业获得了政府的许可;通过**市场调研报告**,帮助企业理清市场的前进方向;通过**竞品分析报告**,帮助企业弄清对标产品或企业的打法和运作逻辑;通过**行业研究报告**,帮助企业看清楚宏观环境,并清楚地认识和定位自己;通过**运营分析报告**,帮助企业确定年度工作重点、优化企业的管理制度和流程等来提升企业的经营效果。

想知道我是怎么从"理科恐惧生"到"分析达人"的吗？别着急，听我慢慢讲给你听。

起步——分析能力从短板到强项

在学生时代，理科就一直是我的弱项，数学更是我成绩最差的那门。小学时，我的语文、英语经常能得到95分以上，而数学成绩总是在及格线上下徘徊，有时甚至只有二三十分。在这种阴影下，我曾经一看到数字和分析就不由自主地恐惧。

毕业找工作时，我暗自发誓，坚决不找与理科和数学相关的工作。我的第一份工作是在一家贸易公司做助理，工作内容就是协助制作询价单、报价单、订单和打电话跟进相关业务事项等。日子倒也轻松，老板很好，同事关系融洽，我很喜欢这样的工作环境，自以为这样的工作状态会一直保持下去。

现实当然不可能如此安逸，由于外部环境突变，公司接连几个月没有一张订单，老板为了保住公司，卖了自己在深圳福田的房子来填补运营亏空。即使这样，经营状况依旧不见好转，再后来，我被约谈了，第一份工作就这样结束了。虽然很不舍，也很想为公司做点什么，但以当时我的能力和视野，根本没有办法帮助公司摆脱困境。

第一份工作失去后，为了摆脱内心的迷茫，我开始去图书馆看书。有一次，我随手翻到《金矿》一书，讲述了一家濒临破产的企业通过实施精益生产、扭亏为盈的故事，这个内容深深触动了我，让我开始对工业工程师这一职业产生了浓厚的兴趣。

兴趣归兴趣,从入门到精通需要潜心学习。经过梳理,我发现需要学会一些经典的管理理念和工业工程里的各种分析推导方法。想想学生时代的理科学习"困难户"的阴影,一开始我真想放弃,但内心想要学会的决心在,就是再困难也要克服,于是我抛开杂念,投入学习。

随着学习的深入,我惊喜地发现,所谓的各种分析和计算其实都是纸老虎,只要掌握清楚框架,套用也能取得一定的效果,而各种分析框架就是一些规律的总结。

先要弄清楚分析框架的适用条件和场景,不能生搬硬套,这时,可以研究分析框架的提出背景,或者直接去查找现成的结论。

然后,弄清楚分析框架的操作步骤,明确每一个步骤的目的,为什么会有这一个步骤,以及具体的操作内容。

就这样,经过一段时间的学习,我感觉掌握了七八成,就鼓起勇气到招聘网站投简历。彼时,工业工程在国内兴起没多久,相关人才还比较缺乏,我顺利通过了面试,开始从事工业工程工作,自此算是克服了对理科、对数学、对分析的恐惧。

做工业工程师的第一年,我就职于深圳一家制作锂电池的公司。当时,这家公司的工业工程部刚成立,一切从零开始,我负责的工作就是每天到现场去观察,看哪里存在问题,就记录下来,然后选定要改善的课题,出具解决方案并实施。

找问题并不是一件容易的事情,对一些事情习以为常就看不出问题,看不懂事情的本质就找不到真正的问题所在,不知道什么是"好",就不知道现在做得"不好"。

在我当时的知识体系里,有很多找问题的方法,比如,通过不断的质疑来怀疑现状,或者通过 5 个 why,一直问事情为什么要这样做、事情为什么会这样,来找出问题的根本所在,又或者通过行业标准来对标现状,找出差距。

有了这些方法的支撑,工作上手还算顺利,但找到问题不是目的,通过解决问题为企业的经营目标服务才是终极目标。在找到问题后,我们还要对这些问题进行梳理、排序,列出待解决问题的优先级,并给出解决方案。

关于问题的排序,一般从必要性、重要性、紧急性等进行综合排序,明确要优先解决的问题,将它分析清楚,然后对症下药。分析问题有很多模型和工具、方法,在运用模型和工具、方法前,一定要先选定分析的角度,比如对一个企业的分析角度无外乎成本、效率、质量、交付周期、安全、风险和人员士气等几个方面。

企业的运营改善是一个闭环,遵循戴明博士的 PDCA 闭环,即 P(Plan)计划、D(Do)实施、C(Check)检查、A(Action)行动。我们针对一个问题进行分析,提出改善对策(P),然后去实施(D),之后去检查(C),如果实施的效果不好,再去改进(A),这就构成分析、解决问题的一个闭环。

经过不懈努力,我在入职公司一年半的时间里,策划的 5S 活动帮助工厂面貌焕然一新;制订的节能改善专案为公司节省年度电费 30 万元;通过提案改善活动,发动全员提交提案,使运营成本当年节省了 1000 多万元……这些成绩是对我勤奋学习和认真工作的肯定,也让我信心倍增。

随着工作的增多,我发现如果待解决的问题涉及跨部门或者更高维度,自己就不知道如何解决了。我心里清楚自己需要不断提升,才能度过瓶颈期。

为了走出职业困境,我开始厚着脸皮,在行业 QQ 群里撒网一样找寻能为我指点迷津的高人,不放过每一次虚心求教的机会。功夫不负有心人,一次偶然的机会,我成功结识了专业人士俞老师(现任精益自主研协会会长)。

俞老师通过 QQ,远程给我上了一节课,我先自学老师提供的视频资料,然后回答老师的提问。在问答中,我发现自己对一些专业知识的掌握仅处于"形"的认识,并没领悟"神"的精髓,没有理解其真正的本质。

后来,由于时间和精力的关系,俞老师不能继续教我了,但很负责任地将我引荐给了业内泰斗——"改革开放 30 年中国杰出管理成就奖"获得者蒋老师。向蒋老师学习是有门槛的,大师不收学费,但是会严格筛选学员简历。通过筛选的学员每次上课后,必须保质保量地完成作业,否则就会被淘汰,不能参加下一次课程的学习。

历经两三年的烧脑学习,一路"打怪升级",我居然坚持下来了,而且收获颇丰。除了收获知识,还认识了很多志同道合的师兄、师姐,他们现在在各行各业发着光,有企业负责人、500强公司高管、管理顾问……在此衷心感谢俞老师和蒋老师。

在这段学习中,令我印象最深刻的作业是把企业经营的所有知识点列出来、串起来,就是按因果逻辑,把企业经营中出现的现象、后果、不同维度的经营指标、解决的方法一条一条连起来。

这其中包括几千个知识点,我花了一个月,用visio绘图软件画了一张超大的网状图,大到10平方米的墙都不够张贴。通过画这张图,我不仅可以快速找到企业的问题所在,还培养了系统分析思维能力和因果分析能力。

有了系统思维分析能力,解决问题就不会局限于当下的一个问题点,而会着眼于全局。比如说,通过分析改善,企业的某一项成本降下去了,而另一项成本却涨上去了,那这项改善到底值不值得做?一般情况下,只要企业总体绩效有提升,就值得去做,反之亦然。如果不具备系统思维分析能力,就可能看不到一个经营指标变动所带来的其他指标的变动,就会导致最终财报上的经营业绩并没有明显提升。

再说因果分析能力。因,就是经营指标不理想的原因;果,就是不理想的经营指标结果。厘清"因",找到现象背后真正的根源,才能对症下药,使经营指标不断靠近我们的预期目标;厘清"果",可以看清楚企业一系列不良经营后果是如何"一层层""一串串"导致的,从而提高经营水平。企业的每个不良经营后果都不是孤立产生的,是相互关联、相互推动的,所以要想把不良经营后果彻底铲除掉,就要进行相关的一连串不良经营后果的优化改善。

破局——跨行互联网行业和咨询行业

工作七年后,一个偶然的机会,我进入了一家跨境电商公司,这是一个我并不熟悉的领域。

入职初始,我还是从事常规分析改善工作,主要课题是提升电商的仓储作业效率、降低成本。在取得明显成绩后,遇到同事跳槽而产生职位空缺,我被任命为企业的运营改善经理,负责企业运营的整体优化,对企业的开源节流负责,也就是负责优化库存周转率、缩短开发周期、降低成本、提高净利润等。

可想而知,不熟悉的行业、陌生的企业、不清楚的流程控制关键点,这些难题对于刚破壁半年多的我而言,挑战实在太大了。

我先从系统思维分析和因果分析上着手,自上而下分解。从企业内部运营的上游来看,深入学习,开展行业研究、市场研究、企业分析、竞品分析等,来帮助自己快速把握新行业全貌,掌握市场状况。用最短的时间找到对标企业,拆解、参考其运营模式,学习竞品打法和找到合适的竞争方向、方法,明确工作重点。经过一年多的努力,最终不负所托,实现了预期的企业运营改善目标。

随后,经老同事推荐,我进入一家咨询公司工作。咨询行业的工作状态和以往不同,在同一时间段内,我要面对不同行业、不同企业和不同问题。待解决的问题一般都是企业长期存在并解决不掉的,但解决问题的时限和对方案报告的要求又都很高。面对的企业人员的立场和角度都不一样,导致沟通也更加复杂。经过一段时间的摸索,我基本上可以做到3~7天摸清一个行业,1~7天找到企业破局的核心点,并画出达到目标的最短路径,最终形成有自己特色的解决问题的模式和方案。

新问题又出现了,我发现仅仅精通业务知识,并不能很好地解决所有问题,还要融入对人的理解和把握。比如,面对不是很熟悉的企业工作人员,不太能理解其行为,从而不能有效引导其行为助力方案的完美落地。阅读市场上热门的关于性格的书籍和课程,比 MBTI、九型人格等,实施起来略微复杂,又总有一种不太顺手的感觉。就在这个时候,我在朋友圈刷到了李海峰老师的 DISC 课程,学习之后,我发现它相对简单、易实施,于是就把它融入工作。

我在与企业人员进行口头沟通和书面分析报告沟通时,首先识别沟通对象的 D、I、S、C 特质,用对方喜欢且能听得懂的口头或书面语表达,可有效提升人员参与积极度和化解人为阻力,使方案的效果更好。基于以上的储备,到目前为止,我已成功辅导了数十家企业完成运营升级,涉及汽车、手机、互联网和机械等行业。

开拓——进入在线分析报告新航道

2020 年,新冠肺炎疫情暴发,我连续数月去不了客户现场,一些客户也因疫情影响了业务,导致资金链出现问题,所以重实地咨询与辅导的项目不好开展。

长时间无法开展工作,我不得不寻找新的业务途径和业务方式,为了能继续给企业提供支持并实现自我价值,也为了自身的经济收入,我开始探索进入分析报告新航道。

经过调研,我发现市场对分析报告的需求依旧很大,有些小微企业没有资金聘请专业的全职分析人员,部分大企业需要临时外包一部分研究工作,还有一些职场人需要分析报告作为面试的"敲门砖"或者用专业分析报告获得升职加薪的机会。

在服务以上这些客户的过程中,我发现了他们的痛点,并帮助他们解决了问题,走小而美的在线接单解决问题的路径,同时积累了更多工作经验。

面对每天处理不完的客户需求,我总结出了一套可以快速与客户沟通、明确其分析目的的工作方法,建立了出具不同分析报告的 DIY 工具库,提炼出提高效率和报告表达效果的小技巧,这些都大大提升了分析报告的产出效率。

一路走来,经过多年的努力打磨,我已形成了自己的分析兵器谱,建立了十八般武艺分析库,分析能力也成为助力我实现职场跃迁的核心竞争力,让我在为企业、个人解决职场难题时实现自我价值。

分析能力为客户带来了实实在在的帮助,让我更加坚定地在这一领域深耕。如果你也认可分析能力对于克服职场难题的作用,如果你从我的故事里获得了关于分析技能的启发,如果你对此有兴趣,欢迎和我一起探讨交流。

雨玟(解敏)

DISC认证教练X3期毕业生
Quick BI、DataQ、DataWorks-DQC产品创始人
淘宝&阿里云高级产品专家
菜鸟——快递&物流云产品负责人

扫码加好友

雨玟（解敏） BESTdisc 行为特征分析报告
CD 型

DISC+社群合集

报告日期：2022年04月09日
测评用时：11分40秒（建议用时：8分钟）

BESTdisc曲线

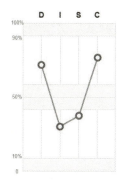

自然状态下的雨玟（解敏）

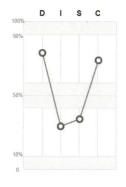

工作场景中的雨玟（解敏）

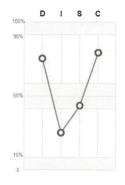

雨玟（解敏）在压力下的行为变化

D-Dominance(掌控支配型) I-Influence(社交影响型) S-Steadiness(稳健支持型) C-Compliance(谨慎分析型)

在雨玟(解敏)的分析报告中，三张表里的C特质和D特质都相对较高，表明她是相对理性的行为风格，擅长进行数据分析和计划的制订等需要计划性和逻辑性的工作。同时，面对有挑战性或者未知的工作时，她会选择直接面对挑战、敢于突破自我。三张表的图形相对一致，显示出她不会刻意伪装自己，无论是在工作，还是生活中，都会呈现出最真实的状态。

产品经理心理建设三境界

你好,我是解敏,花名雨玫,一名来自古都西安、现居"人间天堂"杭州的普通互联网"产品汪"(这是一段自带BGM"产品经理是条狗"的介绍)。

作为一个从计算机专业出来的理工科女生,我工作十年来的沟通方式都很简单、直接、刚硬,特别是遇到觉得不对的事情,一定要掰过来,而且几乎也都是"正面硬刚"的形式。非常幸运的是遇到互联网开放、透明、扁平的组织架构与文化,也感恩岁月善待,我遇到的大多都是好人,都能善意理解、正向解读我的这种沟通方式,但生活不是只有蜜糖,我也遇到了不少挑战。

我写这些文字,是为了通过对过去所踩过的"坑"的梳理,提升自己的心理强壮度,在人际关系中放松自如,感受生活的丰富多彩。生活已经给了我们太多难题,而我们要学会把这些难题变成资源,和同路人互相扶持、帮助,轻松上路。

在学习DISC之前,我极力避免社交,但产品经理这个工作,恰恰需要大量沟通,包括与客户、用户调研访谈,与业务BD们交流市场,与运营者谈论方案,与UED同学沟通审美,与交互专家设计流程……

刚走上岗位的产品经理可能会经历三个层面的蜕变:

第一层:自我证明阶段。我们希望得到晋升,从一个人单打独斗到带团队,以此证明自己的优秀。我们为了自己的目标变得咄咄逼人,一旦没有实现目标,就会陷入郁闷,甚至觉得丢脸。

第二层:利他合作过程。先利他,终局利己,能走到这里,已经很有事业高度了,在此过程中,我见到了很多这样优秀的同事、师长。

第三层:人生价值追求。解他人疾苦,体察他心他苦,感同身受,以此为人生价值动力,很有大师们开悟的境界。

第一层,自我证明的故事

在自我证明阶段,有两个故事让我印象最为深刻。

第一个,是关于避免交谈的故事

记得有一次,一个同事因为我的会议发言给他留下了非常深刻的印象,发消息给我,问我可否单独当面给他讲一下产品经理相关的内容。实话说,我看到这个消息后非常开心,这代表了一种肯定和认可,但我竟没有办法像正常人那样与他当面沟通,只能私下准备各种材料,写 word、做 PPT,倾尽所能地跟他分享。事后,因为材料特别有用,这个同事想请我吃饭,可我怎么都无法同意赴约,明明这是一件在很多人看来无比轻松的小事。

很多人无法相信,为什么我可以在千人场合公开演讲,在内网上"笑声震天地",被同事评价为"阿里最靠谱的老板""团队小太阳",却那么害怕与人沟通,甚至还为自己找到了"合理"的逃避借口,比如,这种沟通方式最简单、高效,能节约时间;我的价值是做对事情,不是跟人搞好关系。在快速的互联网工作节奏中,我屡次用这个逻辑证明自己是一个不唯上、不讨好、不搞关系、只做事情的人。

只看这些描述就知道,我是如何给自己找借口,把自己放在"舒适区"

里,不愿意成长的。

第二个故事,则是我的正面硬刚导致健康受影响的故事

有一段时间,我始终处于愤怒的状态,与人沟通习惯正面硬刚,结果是,不仅导致自己的健康受损(现在已经康复),还因为情绪放弃了更好的职位。

那段时间,我睡不好,持续通宵工作、上网、刷剧、学习,睡眠严重不足;饮食不健康,在甲状腺功能曾异常的情况下,还吃大量垃圾食品、外食,甚至不忌口地吃海鲜;情绪管理能力弱,总是挑别人的不是,苛求别人和自己;不运动,不健身……

不健康的生活习惯,直接导致我的脸部大量冒痘,长期不愈,洗脸都痛,最严重的是体检白细胞等指标非常不正常,且越来越糟糕。联想到自己极易发烧,我这才终于意识到:完了,原来我的免疫系统崩溃了。

想挽救糟糕的身体,我告诉自己:必须做出改变了!

我翻了大量的书,查了很多网上资料,也走访了浙一、浙二、同德等各大医院的各个科室的医生。2020年,我去医院多达36次,平均"一周一会"。见得多了,我慢慢梳理出了四字心法:睡、吃、心、动。掌握了这个秘诀,可能就不用见医生了。具体而言:

睡:我强制自己在23:00前上床睡觉,这让我养成了早睡早起的习惯,不仅提升了免疫力,还让我的工作效率大幅提高。

吃:"团队,对不起!朋友,对不起!我不能在外面吃饭了。"那段时间,我几乎做到了不在外用餐,哪怕用餐,我也谢绝了海鲜,且尽可能食用无碘盐。与此同时,我也坚持每天早饭一杯果蔬汁,保证营养均衡。在食补的帮助下,我的指标也在慢慢恢复正常。

心:甲状腺及乳腺的许多疾病与女性的性格、情绪有很大关系。情绪的放纵,最后都由身体买单。一个同学戏谑地说:"你觉得这件事、这个人值得你胸前多一个结节吗?"这句话挺有道理的。我自己看过,也推荐和我一

起吵架的人看很多关于情绪管理的书,比如《非暴力沟通》,请大家用微笑去包容别人的不理解,做不到,那就先不屑好了。内心的转变,让我的身体也在慢慢改变。

动:我从35年如一日的晚睡晚起,变为开始早起。我也更加理解了运动代谢所产生的多巴胺让人快乐,NK细胞也会杀掉肿瘤细胞,免疫力会提升,会代谢掉体内不好的东西。我最初开始跑步,跑3公里得用45分钟,不仅腿疼,还大口喘气,于是我改为先快走,不给自己设置过高目标,先动起来,给自己信心,别把自己吓回去。如果为了节省时间,跑步机也是个不错的选择,既省去了换装备的时间,还能晴雨无阻,更有利于养成健身习惯。

就这样,我将**理论与实践相结合**,并**不断坚持**,**慢慢让身体得到了自我改善**。希望看到这篇文章的你也健康,尽可能坚持四字心法:睡、吃、心、动。

第二层,利他合作的故事

作为产品经理,第二层成长就是利他合作。先利他,终局利己,能走到这里已经很有事业高度了,可惜我还没有完全做到。

在这个层面,我们也会遇到不同的挑战。

第一个挑战,来自如何应对合作中别人"刺耳"的建议

当人们对我们用心做出的产品或事情评头论足时,我们会变得非常敏感,每一个用心做过产品的同学对这一点都深有体会。对于别人的逆耳忠言,我们内心往往很难接受,但有些事情躲起来不能解决问题,必须"骗"自

己相信,走出来解决问题。

比如,在年末述职季时,哪怕我们团队的述职还没有开始,我也能感受到述职所带给大家的紧张。述职时,如何看待别人给的意见呢?像刚开始学车规避障碍物需要练习一样,听别人意见也需要练习心态,克服现实中的障碍。

第一个障碍物就是自己的自尊心,总觉得别人在打击自己、挑战自己。《一生的旅程》一书中写道:"不要让自尊心占了上风,我要做的并不是使尽浑身解数给桌子对面的人留下一个好印象,而是抑制住假装自己知道的假象。"我们要学会对自己实事求是,不要因为好面子,而不听好的意见,这个心态需要我们慢慢修炼。

第二个障碍物是误读了他人动机。通常有4类人会对你的产品提出建议:第一类人是非相关方,他们不太了解产品,或只是想简单了解一下,所以随口问一下;第二类人,对产品有部分了解,想要你给他输入更新的内容,包括他曾经遇到的"坑",你们现在如何跨越;第三类是有经验的高人,他也曾掉进过"坑"里,有从类似"坑"里爬出来的经验,他们是最有可能指路的人,当遇到这类人问出有挑战性的问题时,有解法的你不妨去验证,没有解法的可以寻求指路,获得答案;第四类人站在个人或岗位角度,需要个人证明、岗位证明的,应该给出评判,以显示优越感,这类人的内心往往是没有安全感的,需要通过外在肯定来证明内在自己,我们可以先对自己温柔点,没必要为别人的安全感买单。

第三个障碍物是先跳过问题看到收获。所有问题皆是"闻过则喜"的进步,所有的困难皆是资源。我有幸见过这样的人,他们会向不同人群虚心听取意见,把自己的全部信息也告知他人,最后竟有可能把前面提到的第一类人变成产品信息的传播者,把第二类人变成战友,把第三类人变成导师,把第四类人变成啦啦队队员。

事实上,我们是了解这个产品信息最全的人,是在这里花费时间最多的人,当然也是解决掉这个问题后受益最大的人,因此,我们有义务向不清楚的同学解释,告知困难和解法,告知需要的支持和资源,这样会让越来越多的人向你伸出援手。

第二个挑战，来自如何与特别情绪化的人相处

通过学习DISC，我看问题的方式已经发生了变化。经常动不动冒火、情绪化的人，他们可能觉得被冒犯，没有得到尊重，或者遇到了利益冲突。那么，当一个人被"冒犯"的时候，他应该怎么办呢？

从自我的角度来看，我们可能有这样的结论：他确实是针对我、对我不友好，他让我的感受变差，我会讨厌他、反击他，到处说他坏话，甚至记仇。一旦换一个角度，我们看到的其实就是一个烦恼的人在对外喷射他的烦恼。通常一个人在做出冒犯别人的言行之前，心里肯定是先装满了某种烦恼或欲望，当他内心承载不了这种烦恼或欲望时，就会通过冒犯别人释放出来。

我们会奇怪，他为什么要对外喷射烦恼呢？难道他不能收敛一下吗？实际情况很可能是，他的控制能力有限，无可奈何。我们无法苛求每个人有同样宽广的胸怀，也并不是每个人都懂得用跑步、看书、听音乐、静坐、修行、找人聊天等更温和的方式来释放烦恼和欲望，所以对于情绪管理工具不多的人来说，他只能释放烦恼。无法管理自己情绪的人其实是可怜的，而被攻击的我们就变成了被虐的可怜人。

有的朋友会说，那他为什么偏偏向我喷射烦恼，难道我就活该倒霉吗？其实无非是因为你从他身旁路过了、靠近了他，与他产生了交集，烦恼的影子恰好落在了你身上，就好比你经过一棵大树，树影落在了你身上一样。此时、此地、此事、他和你，一切都是巧合。对于你来说，能做的，无非是想办法错过这个巧合。

那么，被烦恼喷射的时候，到底该如何做呢？

有的伙伴说，我们可以堵住他的喷枪，反击他、辱骂他，把烦恼扔回去还给他，但这样做，除了损耗彼此的精力和健康之外，无益于我们的幸福体验，也无益于他从烦恼中解脱出来。

一旦你开始反击，你就变成了你眼里最讨厌的自己，甚至会共同构筑起

一个彼此拉低的恶性循环:他烦恼-他朝你喷射-你烦恼-你朝他喷射-他更加烦恼-加强喷射-你更加烦恼……

这里有几个更好的做法供你选择:

第一,如果你的心灵力量不足,请继续往前走你的路,远离他。你无须停下脚步跟他交战,在你的一生中,你会遇到无数次类似的"战况",那些"战役"并不在你美好的人生规划中,对你毫无意义。

第二,如果你比较有智慧,你将会看破这个事情的本质——他喷射他的烦恼,这与我何关?在这样的心境之下,你不会给这件事贴上"被冒犯"的标签,也不会给对方贴上"恶人"的标签,你会把注意力拉回到事情本身,清晰地看到引发冲突的卡点、分歧点——可能是信息不同步、误会、观点不同或者利益不同。总之,你会就事论事地针对事情本身采取行动,高效、有益地解决问题,避免情绪上头。我们可以暂停交谈,下次再聊,或者想办法让对方从站着变成坐着,帮助对方平息情绪。当然,如果这些都没用,那就离开,下次再聊。

第三,如果你比较有慈悲心,你会对他那颗烦恼的心感同身受,从而产生怜悯之心,甚至会做一些事情来帮助他,让他从烦恼中得到解脱。也许你会发现,有些人会对事件"解读"甚至"误读",没有关系,对糊涂的人过度解释,非但帮不到他,可能也会消耗自己,那缘分至此就可以结束了。

第四,如果你智慧更深一些,你会看到终极真相——"任何人根本不可能冒犯到我"。一方面,所有的"冒犯",都只是幻象,如同站在树下时落到我们身上的斑驳树影,树影不可能真正伤害到我们;另一方面,"我"本身存在吗?如果不存在一个实体的"我",那么被冒犯的对象又是谁呢?这一层,我们不上升到哲学的角度做过多讨论。

以上,仅仅是从外部视角来看待"被冒犯、有冲突"这些事。如果从内部视角来看,希望自己精进,我们就会认识到,一切其实与别人毫不相干,都是自己做的选择。不过不必着急,我们都是先充分观察、了解外部世界,再反过来观照自己。

对于产品经理来说,最高的境界就是第三层:解他人疾苦,体察他心他

苦,感同身受,以此为人生价值动力。这是包括我在内的产品人始终要追求的至上目标。以上所有建议,我其实也没有完全做到。如果你也从事产品经理的工作,你也在一路"打怪升级",希望我们能够彼此连结,一起探讨学习,反思总结。在这条路上,让我们结伴,一起成长。

毕鸿波

DISC认证教练X2期毕业生

落户专家

扫码加好友

毕鸿波 BESTdisc 行为特征分析报告
ID 型

DISC+社群合集

报告日期：2022年04月01日
测评用时：04分14秒（建议用时：8分钟）

BESTdisc曲线

自然状态下的毕鸿波

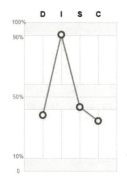

工作场景中的毕鸿波

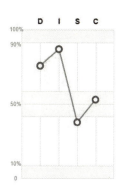

毕鸿波在压力下的行为变化

D-Dominance(掌控支配型)　　I-Influence(社交影响型)　　S-Steadiness(稳健支持型)　　C-Compliance(谨慎分析型)

在毕鸿波的分析报告中，三张表里的 I 特质最高，表明他在工作和生活中都十分善于沟通，擅长通过主动表达，影响团队或周围的人。在工作中，D 特质相对较低，表明他在工作中不会显得过于强势，会关注他人的感受。在压力下，D 特质明显升高，表明在遇到压力时，他会加速推进任务，更聚焦目标和推动结果的达成。

快速提升团队业绩，调频不如调人

2020年至今，各行各业都受疫情影响，受到了不小的冲击，生意越来越不容易做。我所在的行业，因为政策收紧，导致各项成本逐步增加，甚至在行业内陆续出现了一些"爆雷"的情况。

顺风顺水的时候，大家都有钱赚，自然你好我好大家好，一片和谐，但是在行情严峻的时候，有些人就失去了诚信，甚至是丧失了做人的底线。

大家都是为了生活，这可以理解，但是我们生来不是救世主，同情别人，最后受伤害的就会是自己，所以我们才更需要了解人性，在尽可能不伤害别人的前提下，最大化地保护好自己。

关于这一点，在凛冬之下，我深有体会……

用 DISC 探究人性

了解人性，过于深奥，需要有很深的慧根，才能知其一二，但通过 DISC 来探究人性就会容易很多。

我们每个人都是 D、I、S、C 四种风格的集合体，只是比例各有不同。我们在不同的环境中、从事不同的工作和不同的健康状态下,行为都会发生变化。经过后天的刻意练习,我们能够更加游刃有余地适应不同情境,表现出不同的行为风格,向对方传递"我懂你"的信号。

就我本人来说,I、D 特质是我的显性风格。D 特质让我以结果为导向,拼命达成自己的目标。虽然 S 特质平时不明显,但是对于熟人、长期合作伙伴或者是高品质客户而言,我则更多地显露出 S 特质。

在我身上,I 特质表现为喜欢交流、直接沟通或谈判,而 S 特质又容易妥协、接纳和包容,所以,在争议很大的时候,我希望和平解决问题,甚至可能选择让步,尤其是在与熟人争执时,最后妥协、让步的常常是我。

在一般情况下,遇到问题,我会先进行谈判、交流和协商,如果对方 D、C 特质多,表现出了固执、为了自己的利益拼命争取的一面,那么看在情分上,我会妥协。因为面对熟人,我始终会心软,I、S 特质占据主导,就会因为在意对方的感受、体恤对方的不易而选择适当吃亏。但是,也不是完全没有底线,如果对方变本加厉、得寸进尺,那么让无可让,也就无须再让,我的 D 特质就会出现——对抗到底。

这是我在最近几个月的小斗争中发现的自己存在的问题,之前之所以总是吃亏,就是因为在利益面前,常常 I 特质和 S 特质太多,没有提升 D 特质和 C 特质,才会出现别人舒服、自己难受的局面。

为了自己,在很多问题上就有必要调整自己的行为风格。譬如,面对客户提出无理要求时,要更多地使用 D 特质和 C 特质,表明问题,用数据指出问题的根源,明确彼此的责任,坚持自己的立场,避免因 S 特质过高而导致稀里糊涂吃闷亏的情况;或者因 I 特质过高,导致一味"扯皮"、谈"感情"的情况,始终要注意在商言商,就事论事。

DISC 告诉我们,每个人身上都有 D、I、S、C,有意识地在不同场合下调整自己的行为风格,因地制宜,补上短板,我们每个人都可以。现实告诉我们,一个人自我调整的能力有多强,成功的可能性就有多大。

DISC 从理论走向实践

我是在一个偶然的机缘下接触到 DISC 的,初次接触就让我感受很深,因为 DISC 对于当时的我来说,真的太有用了。很多当时我想不明白,或者是意识到了,但是没有清晰认知的东西都瞬间具象化,有种豁然开朗的感觉,也让我更加认真地开始学习。

学 DISC 的初衷是想要提升自己的精准性,因为一直以来,我都不喜欢做很细节性的工作和事情,不愿意深层次挖掘,这成为我明显的短板,于是就想通过学习来补上,改变和提升自我。

尽管在学习初期,我对于细节的把握并没有得到明显提升,但工作得心应手了起来。我开始加深对 C 型行为风格的理解,发生改变,是最近半年的事情。

最近这段时间,我不断开课去分享关于 DISC 的理解和应用,正是在不断寻找素材时,我开始静心思考,耐心打磨,将贴近工作和生活的案例以及感悟复盘总结,融入分享中。

不断用输出倒逼输入,终于让我在有觉知的状态下提升了 C 特质。也因此,受益于谈判中 C 特质的合理运用,我成功挽回了几万元的损失!

回顾过往,在谈判陷入僵局时,我经常会表现出不理智的一面,嘶吼甚至骂人,结果往往是人、财、事皆失。而现在,我会把所有问题和数据清晰地罗列出来,不给对方留狡辩的空间,然后再立场坚定地明确自己不会妥协。果不其然,与对方按照我预想的目标成交了,这就是在和合作伙伴交流上的明显提升!

这样的改变对于以前的我来说简直不可想象。初入社会的我,往往因实力有限,更多地使用 I 特质和 S 特质,习惯性地逢迎、巴结人。记得有一次,已经谈好了 800 元的设备,在我送到客户手里后,对方竟然只肯给我 700 元。当时的我就傻了,哥哥长、哥哥短地不断说好话,但丝毫没用,最后我不得不妥协,"我认了,就少赚100元吧"。

因为是熟人而抹不开脸的情况让我吃的亏不止一次。曾经,我以1600元的成本价卖了一套设备,但是"老朋友"把设备拿到手后,竟然还让我便宜点。这让我非常吃惊,因为在电话里说好了,这就是成本价。在我看来,我一直很有诚意,作为老朋友的他应该非常了解我,没想到见面后还是和我讨价还价,这让我很生气,也没有同意他的要求。更让我没想到的是,他同意成交,并支付现金,但竟然转头要求跟我借800元!出于老朋友的关系,我还是借了,可时至今日,我也没有收到过这笔欠款。现在想来,当时的自己好傻,更傻的是,我竟然一直也没好意思和他提还钱的事,这就是高S特质的行为表现。

有一次,在课程中,我的学员分享说,"跟S型人士借钱可以不还",我深有感触,马上告诉他,"S型人士看中感情,但不代表不会受伤,欠钱要还,否则损失的不仅是这个朋友,更多的还是为人的基本道义和准则"。

DISC的应用不仅让我处理好了人际关系,最大的收益还是快速提升了团队的业绩。

以前的我,工作时一直都单打独斗,但随着事业越来越大,越来越上轨道,我带领的团队的人数也越来越多。这要求团队的整体销售能力必须迅速提升,才能使业务越做越稳。

幸运的是,通过学习DISC,我在团队管理方面有了自己的感悟和方法。我发现让一个人改变性格很难,但是用DISC来匹配销售人员和客户容易得多。

于是,我把销售团队的所有人员和客户用DISC进行了划分,D型客户就让D、I型的下属去直击重点;C型客户就让高C型的下属去死磕,因为高C型的客户纠结、讲究数据,只有同样"数据控"的高C型销售才能使其信服;而碰到S型的客户,就让D和I、S型的下属去推动,因为S型客户决策、行动慢,但同时也非常注重感受,销售间打配合、做组合,才能帮助他快速成交。这样操作下来,我们的业绩居然翻了好几番,成交率超过60%,这也让我更加相信DISC在团队管理和销售方面高效。

学习 DISC 多年后，我的感悟越发深刻。比如，高 I 特质的人做生意喜欢扩大影响力，于是四处打广告，尽力让其他人都知道自己在做什么，因为 I 特质代表了永远活力满满、状态在线；但高 S 特质的人则不然，他们做生意，广告少、发朋友圈也少，因为他们的理念是要做口碑，但是 S 特质过高的人往往成交量也比较少，主要原因是缺少 D 特质的目标感、I 特质的持续影响力和 C 特质的逻辑缜密的组合；而对于 C 特质的人来说，他们喜欢做事，通常善于深耕，要把事情琢磨透，这时候就需要有人在背后不断地、深入地与其交流，有时甚至要推着他们往前走，当然前提是必须让他们清晰地认识到事情的具体收益；而 D 特质的朋友们，往往有强烈的掌控欲，希望大家服从，他们的做事效率高，喜欢排场，做事只求最好，有时甚至可以不计成本。

DISC 的应用博大精深，值得我们深入学习。D、I、S、C 不同行为风格各有优势，应用得当，一定会有令人惊喜的收获。而如果我们对某个风格产生强烈的排斥，也代表了这是我们需要提升和适应的。与看不惯的人都能和谐相处，这也是行走江湖的一种很重要的能力。

感谢 DISC 让我收获良多，未来我计划开 100 个专场，分享学习 DISC 的心得与体会，不仅是对自己知识体系的复盘，也能够帮助我更好地带着目标去学习，这样，知识的内化会更加到位。

希望我们每个人都可以勇敢地面对自己的缺点，虽然这并不容易，但成长的第一步，就是不回避自己的问题，勇于拿自己"开刀"。衷心希望每个人都能学会 DISC，出门赚钱，回家有爱，用 DISC 创造出更加美好、多姿多彩的幸福生活。